LAS DOS CARAS DE LA MEDICINA

2° Segunda Edición.

Rafael Ernesto López. Dr. Hacker.

Rafael Ernesto López
Sultana del Lago Editores

Maracaibo, 2024
SEGUNDA EDICIÓN

HECHO EL DEPÓSITO DE LEY

ISBN: 9798325767654
Depósito Legal: ZU2019000043

Diseño de portada:
Luis Perozo Cervantes

Diagramación y maquetación:
Sultana del Lago Editores

www.sultanadellago.com
+584246723597

Queda prohibida la reproducción y/o comunicación no autorizada con excepción de los casos que impone la Ley sobe el Derecho de Autor en sus artículos 43 y 44. Cualquier individuo u organización que incurriere en el uso no autorizado del contenido de este libro, podría ser castigado de 6 a 19 meses de cárcel según lo establecido en el artículo 119 de la Ley sobre el Derecho de Autor, además de acarrear responsabilidades civiles.

EDITORES

¡Se lo dedico a mi padre Ángel Rafael López
Y a mi madre Elsy Violeta, a mi hija Valentina
y a todos mis mejores amigos¡
Y por supuesto a todos los verdaderos médicos
que me ensañaron e inspiraron profundamente:
Dr. Max Gerson, Dr. Andreas Moritz
Dr. Alejandro Segebre, Dra. Diana Tapia
Dr. Ludwig Jonhson, Dr. Alberto Wulff (Dr. Heal)
Y al excelentisimo Médico Frank Suárez
las infinitas gracias a todos.

"Dos posibles tratamientos…Dos posibles caminos a recorrer…
El camino **1 UNO** *de la medicina mercantil para ganado humano, con fármacos y cirugías mutiladoras;*
O el camino **2 DOS**…*La Medicina Ayurvédica, el legado de Fran Suárez, y Los Protocolos del* **Dr. Max Gerson**, *del* **Dr. Ludwig Johnson** *y del* **Dr. Alberto Wulff**".
Rafael López.

"La raza humana puede sobrevivir perfectamente SIN un interminable repertorio de fármacos nuevos, pero la Industria Farmacéutica NO."
Jacky Law.

"No existen las enfermedades sino deficiencias nutricionales."
Linus Pauling.

Tú elijes-Despierta @_doctor_hacker

Acerca del Autor. Auto-biografía

Rafael Ernesto López, es mi nombre, tengo 40 años de edad hoy, corriendo el mes de julio de 2023, siempre hice deportes como basquetbol, calistenia, entrenar en el gimnasio, montar bicicleta entre otros. Nací en Caracas Venezuela el 22 de Abril de 1983, precisamente el día de la tierra, mis estudios autodidactas y como investigador independiente en el área de la medicina comenzaron con la trágica muerte de mi padre, Ángel Rafael López, profesor de la Academia Militar de Venezuela, mi padre le dio clases dentro de esta institución al expresidente Hugo Rafael Chávez, y a Diosdado Cabello.

Mi padre muere de cáncer en el hígado en el Urológico de San Román en Caracas Venezuela. Fue un gran profesor de matemáticas, estadística y física.

Yo la verdad quedé impactado cuando lo veía vomitar sangre en su etapa final y cuando su sistema linfático, colapsado ya, le generó una grave distensión abdominal al punto que le tenían que drenar el líquido linfático hacia un balde.

Soy hijo de padres profesores, profesores de carrera profesionales ambos, y mis abuelos también profesores los dos por parte de mi padre. Y mi bisabuelo Manuel Ángel por parte de mamá fue Médico Naturista en la década de 1930.

Luego de pasar por la terrible muerte de mi padre, inmediatamente se despertó en mí la vocación por el arte de la medicina, armé mi propia biblioteca con varios libros de medicina naturista y libros de anatomía humana, al mismo tiempo veía largos documentales de la historia de la medicina y su desarrollo durante el tiempo. Todos los días investigaba, todos los días estudiaba y hacía resúmenes en mis cuadernos, era increíble, no me producía fatiga ni cansancio, por el contrario entraba en un flujo de inspiración.

Luego de toda esa experiencia fatal, vi enfermarse de artritis a mi madre, Elsy de López a quien le dedico este libro, porque es la persona que más me ha apoyado en toda mi vida y mi carrera autodidacta, posteriormente yo enfermé también, presentaba síntomas generales como cansancio, estreñimiento, alergias, los cuales fui resolviendo cambiando mi dieta y tomando algunas vitaminas y minerales, pero hubo una época, una vez muerto mi papá, que decidimos mudarnos a Maracaibo y por esos días comía muy mal hasta que colapsé y empecé a tener todos los síntomas de apendicitis, pero ya teniendo idea de cómo funciona el cartel farmacéutico, y sabiendo que el apéndice forma parte del sistema linfático y que a su vez es parte del sistema inmunológico, sabiendo que el apéndice es un espacio reservorio de células madres, que el apéndice juega un papel fundamental en la hematopoyesis, (proceso de formación y maduración de glóbulos rojos, glóbulos blancos y plaquetas), por nada del mundo, iba a dejar que la falsa medicina mercantil del cartel farmacéutico, me echara cuchillo como se dice por ahí, no iba a permitir su cirugía ultra-invasiva e innecesaria en mi caso.

Por aquel entonces ya conocía una técnica antigua para la **limpieza del colon, los famosos enemas**, así que decidí hacerme los lavados que fueran necesarios para eliminar toda la materia fecal sólida para en caso de que se rompiera el apéndice no infectarme, de igual forma para no generar más materia fecal y descomposición intestinal, pase a una dieta líquida, solo tome 3 vasos de jugo verde al día mientras pasaba la fiebre acostado en la cama, fueron aproximadamente 20 días de este tratamiento, pero en el día 12, fui al hospital Coromoto de Maracaibo en Venezuela, solo para ver cuál era el diagnóstico de los seudo-doctores, que por cierto me trataron bien mal, claro por que la mayoría no son médicos de vocación y por lo tanto no aman su oficio, son solo doctores pero no son médicos realmente.

Bueno, la sorpresa fue, que el desarrollo de la apendicitis, en mi caso, tuvo en desenlace positivo, con la práctica de enemas y jugos verdes, había logrado que se formara una bola de grasa alrededor del apéndice (PLASTRON APENDICULAR) lo cual me pareció super positivo, pero los seudo-doctores dijeron, "aquí no te podemos atender, vaya a otro hospital a que te operen de emergencia, sino te vas a morir" lo cual me dio risa y les dije "si si claro ya voy a ir, muchas gracias y hasta luego"

Cuando salgo del macabro hospital, donde reina el culto a la muerte, donde reina una vibración lúgubre, fúnebre y funesta, mi mamá y mis 3 tíos que me acompañaban me preguntaron: Rafa vamos para otro hospital a que te operen? A lo cual inmediatamente respondí con un rotundo **NO**, prefería la muerte, mi mamá en ese justo instante rompió en llanto porque no tenía tan claro como yo, todo este proceso, pero mi conciencia me hablaba con una claridad perfecta, diciéndome que iba estar bien, que no necesitaba esa macabra mutilación.

Al cabo de un tiempo, por la crisis económica de Venezuela, decidí viajar a Chile, viví durante casi 4 años en Valparaíso, y tuve la excelente oportunidad de obtener una Certificación Internacional por la Doctora Diana Tapia, Egresada de la Universidad de Cambridge Inglaterra; este **Certificado Internacional**
 me permite tratar a pacientes con nutrición Orto-molecular y terapias de Desintoxicación, así que emprendí un pequeño consultorio por aquella ciudad y empecé a tratar pacientes con problemas de obesidad, estreñimiento y problemas de piel.

Durante la "**plandemia**" vivía en Chile, y cuando lamentablemente quedé infectado por el corona virus, por supuesto no accedí a ninguna falsa medicina mercantil y mucho menos a la fatal vacuna, sencillamente me tome un súper concentrado de azufre cada 4 horas, pasaba por el extractor de jugo, una cebolla morada, 2 cabezas de ajo morado y una raíz de jengibre, este concentrado lo guardaba en un frasco de vidrio, y a una taza de agua caliente le agregaba 3 cucharadas de este preparado, le exprimía un limón y le agregaba una cucharita de cúrcuma en polvo, y así salí victorioso del corona virus en 10 días sin problemas.

Al poco tiempo salí de ese país, ya que la vacuna iba a ser obligatoria, y por supuesto no iba a permitir que el cartel farmacéutico me inyectara su veneno, escapé de dicho país por tierra de nuevo hacia Venezuela, ya que por avión se exigía la vacuna.

Soy Rafael, alumno de Los "Reyes del Hígado", los Doctores Andreas Moritz y Alejandro Segebre, hijo de Ángel Rafael "Profesor de estadística, matemática y física" estudiante de Imhoteph "El Sabio que viene en Paz" entonces, viendo todo esto, empecé a ver con mayor claridad todas estas circunstancias y características en las que me veía envuelto, para ubicarme cada vez más en el contexto de la medicina naturista, hasta que un día estudiando astrología pude armar todo el rompecabezas de mi experiencia de vida, siempre relacionada con el área médica. Cuando calculo mi carta astral, con los datos exactos de mi nacimiento, 22 de abril de 1983 a las 09:45 pm en Caracas Venezuela, justamente en la **casa 6**, *la casa de la Salud y El bien estar*, tengo posicionado el planeta **Mercurio**, *mercurio es el planeta de rige a la Medicina*, entonces en la casa de la salud y bien estar (**casa 6**) tengo posicionado el planeta de la medicina (**mercurio**), lo que me da características y habilidades para gestionar todo lo relacionado con la medicina, la nutrición y la desintoxicación.

Pero lejos de que esta información alimentara mi ego, y pensara que era una gran persona, entendí que sólo eran las características de un humano nacido bajo una configuración astral, y que así como me da ventajas y características positivas, también revela una serie de defectos y circunstancias negativas.

Así que aprendí a ver la vida como un video juego, un juego donde elegimos a un peleador, o elegimos a un muñeco, o a un (**AVATAR**) y este tiene unas características positivas y otras negativas, tiene un performance, pero el jugador es quien lo mueve a través de un control remoto, este último, el jugador, representaría a nuestro espíritu eterno, y el avatar es solo el cuerpo físico, entonces reconociendo que es lo que soy realmente, "**el espíritu**" y no el cuerpo físico, decidí investigar cuales son todas las características positivas de mi AVATAR, en este caso mi AVATAR es RAFAEL nacido el 22 de abril con el planeta MERCURIO en la casa 6.

Así que hice un resumen de las características positivas de mi AVATAR RAFAEL.
Signo zodiacal TAURO elemento TIERRA.
Signo ascendente Sagitario
Nacido el día de la tierra 22 de abril día internacional de la tierra.
Rafael significa: Al que Dios sanado o curado por Dios, o La Medicina de Dios
Ángel Rafael el nombre de mi papa: El Ángel Rafael es el ángel de la medicina.

Mercurio, venus, tauro y géminis en la casa 6 una clara señal de habilidades para el arte de la medicina y la nutrición.

Y bueno sin más nada que señalar les doy la Bienvenida a esta importante obra, Las Dos Caras de la Medicina.

Profesor de la Academia Militar de Venezuela.

Contenido

Acerca del Autor. Auto-biografía   7
Prólogo   19
Objetivos Generales   21
Introducción: ¿Qué es la Medicina?   27

PARTE I: EL LADO OSCURO DE LA MEDICINA   31
Capítulo 1: El Statu Quo / Orden Establecido   33
Capítulo 2: La pirámide de la elite mundial   35
Capítulo 3: Las instituciones son tecnologías
    de manejo de ganado humano   39
Capítulo 4: La medicina tradicional, ancestral y milenaria
    pasa a ser alternativa   41
Capítulo 5: El Cártel farmacéutico. El Big Pharma   43
Capítulo 6: Las 4 estaciones de la muerte   45
Capítulo 7: Ramas de la Falsa Medicina   46
Capítulo 8: Todos los doctores NO son Médicos.   48
Capítulo 9: Catálogo del cartel Farmacéutico
    para envenenar a la humanidad   53
Capítulo 10: El cartel Farmacéutico procede
    a amputar. Mala praxis.   55
Capítulo 11: Algunos Médicos asesinados
    y perseguidos por el cartel Farmacéutico   57
Capítulo 12: Traumatología y Microanálisis   58
Capítulo 13: La Odontología es cómplice.
    Amalgamas de Mercurio y Fluor   59
Capítulo 14: La condición de la mayoría
    de la humanidad. Hígado Graso   60
Capítulo 15: Covid 19 La Plandemia. 5G. Grafeno.   65
Capítulo 16: Por qué la Falsa Medicina NO cura?   69
Capítulo 17: 10 Tipos de Estrés   70
Capítulo 18: Documentales en Youtube y Netflix
    para salir de la confusión   71
Capítulo 19: ¿Como se explica tanta maldad
por parte del Cartel Farmacéutico?   72

PARTE II: LA LUZ DE LA MEDICINA 75
Capítulo 20: El Ayurvda 77
Capítulo 21: La Desintoxicación como Medicina 80
Capítulo 22: Catálogo de la medicina Naturista:
Algunos Adaptógenos y plantas curativas.
¿Qué es un adaptógeno? 82
Capítulo 23: Los 13 Sistemas del cuerpo Humano.
Anatomía Básica 90
Capítulo 24: La Mecánica Digestiva una breve
explicación. 91
Capítulo 25: Los 4 factores de la digestión 92
Capítulo 26: Los 6 sistemas de eliminación 93
Capítulo 27: El 98% de las enfermedades actuales
son de origen digestivo 96
Capítulo 28: El terreno lo es todo. El microbio
no es nada. Dr. Luis Pasteur 97
Capítulo 29: Los 8 tipos de alimentación humana.
La escalera nutricional 98
Capítulo 30: Alimentación Fractálica. 101
Fractales. Benoit Mandelbrot. 101
Capítulo 31: Los 2 tipos nutrientes 104
Capítulo 32: Los 4 tipos de Carbohidratos 105
Capítulo 33: Los 9 aminoácidos esenciales
de las proteínas 107
Capítulo 34: Los 3 tipos de Grasas 108
Capítulo 35: Descomposición Intestinal de los
Macronutrientes y la importancia de la Fibra 111
Capítulo 36: Los 2 tipos de Vitaminas 112
Capítulo 37: Los 2 tipos de Minerales 114
Capítulo 38: Los Anti nutrientes 116
Capítulo 39: Los Antioxidantes 117
Capítulo 40: Ley de Sustitución. Tabla de Antojos. 119
Capítulo 41: Suplementación Básica y varios elementos. 123
Capítulo 42: 4 Factores claves para la curación física 124
Capítulo 43: El 5x5 Desintoxicación por el
Dr. Ludwig Johnson 126
Capítulo 44: El Protocolo de curación del Cáncer y Enfermedades Autoinmunes de Dr. Alberto Wulff 128

Capítulo 45: Dr. Carlos Monteverde. Especialista
    en hipertensión y Diabetes   130
Capítulo 46: Colonterpeuta Diana Briceño.
    @colonsaludvenezuela   132
Capítulo 47: Sistema Inmunológico. ¿Cómo
    Fortalecerlo?   135
Capítulo 48: La Importancia del Sistema Nervioso.   137
Capítulo 49: Las 10 formas de incrementar nuestra
    Energía   138
Capítulo 50: Genios, Ilustres y Santos que
    no comían carne   139
Capítulo 51: ¿Por qué no somos carnívoros
    exclusivamente? Señales morfológicas   141
Capítulo 52: Excelentísimos Médicos en la Actualidad   144
Capítulo 53: Excelentísimos Médicos Antiguos   146
Capítulo 54: Algunas Medicinas Ancestrales.
    Ayahuasca, Yopo y Kambó.   147
Capítulo 55: La Música como Medicina   154
Capítulo 56: Vedanta: El conocimiento que conduce
    al cese del conocimiento, el ego sin gasolina.   157
Capítulo 57: Algunos Libros fuentes de verdadera
    medicina contra la imposición del Magnate
    John D. Rockefeller.   160
Capítulo 58: 3 Películas Inspiradoras   161
Conclusiones   162
Agradecimientos   163

Prólogo

El médico autodidacta, Rafael López autor de este libro tiene 15 años como investigador independiente, al igual que el célebre médico autodidacta y también investigador independiente Frank Suárez de Puerto Rico, ellos ofrecen poderosos recursos para enfrentar las enfermedades que nos aquejan en la actualidad, para así no depender de la medicina mercantilista.

Su contenido es de gran ayuda para la humanidad, ya que facilita una síntesis histórica de la medicina en general, capacitando de este modo al lector, para enfrentar el gran problema de las enfermedades actuales.

El conocimiento que se brinda en este libro, es bastante esclarecedor, porque ayuda a tener una visión objetiva para enfrentar la realidad actual con respecto al gran número de enfermedades que está padeciendo la humanidad, ya que la medicina mercantil no soluciona de raíz las enfermedades actuales, porque su fin es seguir vendiendo drogas farmacéuticas y mantener a la población mundial engañada.

El autor tiene más de 15 años investigando la historia de la medicina, además el autor se ha dado a la tarea de resolver casos de pacientes enfermos, que no han conseguido verdaderas curas y mejoras por parte de la falsa medicina mercantil moderna.

El autor después de obtener una certificación internacional en el Chile, por la Dra. Diana Tapia, egresada de la universidad de Cambridge Inglaterra, está certificado para resolver problemas de salud y obesidad, a través de la nutrición orto molecular y la desintoxicación del cuerpo humano.

De esta manera el autor confirma, lo que tras años de investigación independiente, y ahora acreditado de manera legal bajo la norma **ISO 9001 NCH 2728 de INCOTEC**, lo que se necesita para sanar cualquier cuerpo humano.

El autor sintetizó en 4 pasos los factores necesarios para toda curación:

1. Eliminar y suspender venenos.
2. Desintoxicar los 6 órganos de eliminación del cuerpo humano.
3. Corregir las deficiencias nutricionales.
4. Ubicar la raíz psicológica. Biodescodificación.

El lector podrá entender claramente ¿por qué? no debe seguir el camino que le propone la industria farmacéutica, el cartel farmacéutico.

Entenderá la importancia de la desintoxicación del colon y del hígado como base para la curación de cualquier problema de salud y obtendrá la cosmovisión de la historia de la medicina en el planeta, y ya no se dejará engañar tan fácilmente por la medicina mercantilista moderna llena de mentiras y falsos diagnósticos.

Objetivos Generales

Cansados del atropello, del abuso, del engaño y la manipulación por parte del **Cartel Farmacéutico**, que juega con la vida de millones de personas, surge este poderoso libro, que **HACE UN LLAMADO DE EMERGENCIA, A TODOS** los verdaderos médicos de vocación, y gentes inteligentes, principalmente en SURAMERICA, a que nos unamos y fundemos **"LA NUEVA MEDICINA CONTESTATARIA"** y tengamos una sede aquí en Venezuela, país cuna de Libertador Simón Bolívar, uno de los estrategas militares más estudiado en todas las Academias Militares del Mundo.

Este libro tiene 5 objetivos fundamentales que se describirán a continuación y además contiene un PLANTEAMIENTO DE PROBLEMA Y UNA PROPUESTA para su solución.

El PRIMER objetivo de este libro estimado lector, es que usted pueda entender y darse cuenta del gran ENGAÑO y la estafa de la medicina actual, de la medicina moderna, impartida por el CARTEL FARMACEUTICO, el objetivo es que usted pueda entender claramente que es una FALSA MEDICINA y una MEDICINA MERAMENTE MERCANTILISTA.

Así de esta manera, comprendiendo correctamente cómo funciona la MAFIA farmacéutica, el lector podrá salir de la gran confusión y decidir libremente; decidirse por la verdad, desechar y apartarse de la **FALSA MEDICINA MERCANTIL** y por medio de este contraste elegir a la verdadera medicina, **LA MEDICINA NATURAL.**

Haremos en definitiva, un contraste entre **LA FALSA MEDICINA vs LA VERDADERA MEDICINA.**

El SEGUNDO objetivo fundamental es crear una nueva medicina contemporánea, la llamaremos **LA NUEVA MEDICINA CONTESTATARIA,** no es para crear separación, al contrario, se busca unir a todas las verdaderas medicinas ancestrales y milenarias, y unidas hacerle frente al pináculo de la "elite oscura" hacerle frente con dignidad, el conocimiento es la luz que nos guiará por esta senda.

El TERCER objetivo es unir coherentemente a todos los grupos que se inclinan por algún tipo de **alimentación** específica, y lejos de entrar en discrepancias, acerca de cuál es la mejor dieta para el hombre, se pretende estudiar de manera ecuánime y objetiva todo el tema para aclarar las dudas, la nutrición y la alimentación no nos pueden separar, primero debemos converger por lo menos en un punto, el carnívoro, el vegetariano, el vegano, el crudivegano y el frugívoro, todos sabemos que el azúcar y las harinas refinadas, los colorantes y bebidas gaseosas, el glutamato monosódico y el aspartamen, son venenos, eh ahí un primer punto de encuentro entre todos los formatos de alimentación.

El CUARTO objetivo APROVECHANDO que estamos en la era digital de la información, debemos sacarle provecho a esto y conectarnos en otro punto de encuentro, conectarnos en una zona en común, (1. DESENMASCARAR A LA FALSA MEDICINA MERCANTIL Y 2. USAR LA DESINTOXICACION COMO MEDICINA), estos 2 puntos en común dan inicio a **LA NUEVA MEDICINA CONTESTATARIA.**

El QUINTO objetivo es aclarar en la segunda parte de este libro, cual es la VERDADERA MEDICINA Y COMO FUNCIONA.

Resumen de los 5 objetivos:

El PRIMER objetivo que el lector se dé cuenta de la gran estafa de la **MEDICINA MERCANTIL**.

El SEGUNDO objetivo es crear la **NUENA MEDICINA CONTESTATARIA**.

El TERCER objetivo es unir a médicos y personas con distintas preferencias alimenticias.

El CUARTO objetivo es la comprensión total de la desintoxicación como real medicina.

El QUINTO objetivo es revelar cuál es y cómo funciona la verdadera medicina, **LA MEDICINA NATURISTA.**

El Maestro Espiritual Axel Rudin, con quien tuve la fortuna de compartir y ser impregnado por su sabiduría, me inició en la Medicina del Yopo, Axel es Guardián de las medicinas ancestrales, reconocido en el mundo, nos enseña que: "*el 99% de la ATENCION debe estar en la solución del problema y solo el 1% de la ATENCION en el problema mismo*"

➤ **PRIMERO** Solo pondremos el 1% de la atención en este problema:

Primeramente se debe plantear claramente el problema, y en el caso de este libro es:

"El envenenamiento de la humanidad por parte del CARTEL FARMACÉUTICO"

➤ **SEGUNDO** pondremos el 99% de la atención en la solución de este problema:

SOLUCIÓN: *LA NUEVA MEDICINA CONTESTATARIA*

Primero entendamos que significa una postura contestataria…
Una postura contestataria se refiere a una actitud o posición en la que alguien expresa desacuerdo, oposición o resistencia a una idea, autoridad, norma o sistema establecido. Una persona con una postura contestataria cuestiona, critica o se opone a lo que considera injusto, opresivo o inadecuado. Esta actitud puede manifestarse en diferentes contextos, como política, social, cultural o incluso en situaciones personales.

Algunas características de una postura contestataria pueden incluir:

1. **Cuestionamiento de la autoridad:** Las personas con una postura contestataria a menudo cuestionan la autoridad y buscan desafiar las normas establecidas o las estructuras de poder.
2. **Crítica y análisis:** Aquellos con una postura contestataria tienden a analizar y criticar las acciones, políticas o del sistemas que consideran problemáticos o injustos.

3. **Defensa de los derechos:** Pueden estar involucrados en la defensa de los derechos humanos, la igualdad, la justicia social y otros problemas que consideran importantes.
4. **Acciones de protesta:** Las personas contestatarias a menudo participan en manifestaciones, marchas, huelgas u otras formas de protesta para expresar su desacuerdo y llamar la atención sobre cuestiones específicas.
5. **Desobediencia civil:** Algunas personas adoptan una postura contestataria a través de la desobediencia civil, que implica desafiar las leyes o normas en busca de cambios sociales o políticos.
6. **Promoción del cambio:** Aquellos con una postura contestataria suelen tener un objetivo de promover el cambio positivo y trabajar hacia una sociedad o un sistema que consideren más justo y equitativo.

La postura contestataria puede variar en intensidad y enfoque, y puede ser expresada de diferentes maneras según el contexto y la cultura. Algunas figuras históricas y movimientos sociales han adoptado una postura contestataria para desafiar las injusticias y promover el cambio en la sociedad.

¿QUE ES LA NUEVA MEDICINA CONTESTATARIA? ES LA SUMATORIA DE TODAS LAS MEDICINAS Y TERAPIAS, ANCES-

TRALES, MILENARIAS, TRADICIONALES Y MODERNAS, QUE REALMENTE CURAN, SANAN, LIMPIAN, DESINTOXICAN, EQUILIBRAN Y EMBELLECEN AL SER HUMANO; entonces unidas alzan la voz y desenmascara a la **FALSA MEDICINA MERCANTIL.**

Introducción
¿Qué es la Medicina?

La medicina es la ciencia que estudia las enfermedades que afectan al ser humano, muy bien, pero primeramente es la ciencia que estudia cómo funciona la salud, es decir, como el cuerpo humano se mantiene bioquímicamente equilibrado, y este equilibrio se denomina homeostasis.

También se le llama medicina a las sustancias que ayudan a recobrar la salud de un cuerpo físico una vez que está enfermo, modernamente la medicina sistémica les llama ADAPTÓGENOS, en realidad son plantas milenarias de gran poder bioquímico.

También la etimología de la palabra medicina nos ayudará a comprender su verdadero significado, para así poder distinguirla de la FALSA MEDICINA, que actualmente está dañando terriblemente a la humanidad.

La etimología, identifica el origen de la palabras, por lo tanto cualquier distorsión de la misma se identifica rápidamente, en el país donde nací, Venezuela, todos sabemos la terrible crisis por la que viene atravesando hace años, y siempre escuché que por la crisis no habían medicinas, lo que me asombraba bastante, ya que esto demuestra, que las pobres gentes, están en un grado de confusión bastante notorio, las gentes todavía confunden el termino medicina con drogas farmacéuticas.

Entonces la etimología de la palabra medicina proviene del latín MEDICUS, palabra que a su vez procede del verbo CUIDAR. De aquí se derivan las palabras MEDITAR o REMEDIO. Y Cuidar no es precisamente la intensión de LA FALSA MEDICINA MERCANTIL.

Ahora bien, si descomponemos la palabra MEDICINA en dos partes… **medi** y **cina**, **medi** es MEDIO o mitad y **cina** o **ina** es SUSTANCIA… la mitad de las sustancias¡ o sea el **EQUILIBRIO**, si equilibrio en las sustancias, lo que se traduce como **HOMEOSTASIS**.

Las enfermedades del cuerpo físico, de los seres humanos, se generan y desarrollan en un cuerpo ácido, mientras que la salud y el bien estar, son consecuencias de un cuerpo, que posee un PH balanceado entre lo alcalino y lo ácido. El equilibrio entre lo alcalino y lo acido se denomina PH POTENCIAL DE HIDROGENO.

Entonces en un PH balanceado se produce la Homeostasis y por consiguiente la valiosa Salud y bien estar.

Las medicinas como sustancias, son todos los ADAPTOGENOS y plantas de poder y nunca se deben confundir con la droguería, con las drogas farmacológicas, como por ejemplo: Ibuprofeno, atamel, aspirina, y un catálogo que tiene a la orden del día, la Industria Farmacéutica de la muerte, conocida como el Big Pharma, es decir, el Cartel Farmacéutico.

Pero que también se entienda urgentemente a la medicina como un proceso de depuración y desintoxicación.

Las 3 Dimensiones de la medicina.

Lo primero que deberían cultivar todos los individuos, todos los seres humano que nacieron en este planeta, que viven a través de un cuerpo físico, es un mínimo de conocimientos acerca de la máquina humana a través del cual se existe y se vive, es decir, tener un conocimiento básico de su propio cuerpo humano. Por ejemplo cuantos huesos tiene, cuantos sistemas los conforman, cuáles son sus órganos vitales, cuáles son sus 6 órganos de eliminación, cual es la verdadera medicina que logra su armonía, cuales son los tipos de alimentos que lo fortalecen, cuales son los venenos que lo debilitan, etc.

Pero además, se debería saber, que no solo se posee un cuerpo físico, sino que también se poseen 2 cuerpos sutiles más, sí, tenemos el cuerpo FISICO pero también el cuerpo VITAL y un cuerpo MENTAL.

De manera pues que existe medicinas y terapias para el cuerpo FISICO, para el cuerpo VITAL y para el cuerpo MENTAL, y precisamente las llamamos "dimensiones o campos de la medicina".

Medicinas y terapias para los distintos cuerpos.
1. Cuerpo Físico: Plantas de poder, adaptógenos, desintoxicación de los 6 órganos de eliminación, ayuno, biomagnetismo, acupuntura, reflexología, quiropraxia, silencio, cámara hiperbárica.

2. Cuerpo Vital: Contacto con la naturaleza, Baños de sol, baños de playa, ayuno, silencio, cámara hiperbárica, etc.

3. Cuerpo Mental: Meditación, programación neuro linguistica, silencio, ayuno, biodescodificación, autoindagación.

Es importante destacar que estos 3 cuerpos son uno solo, todos están interrelacionados entre sí, cualquier medicina o terapia que se le aplique a uno de estos 3 cuerpos, incidirá positivamente en los otros.

PARTE I: EL LADO OSCURO DE LA MEDICINA

Capítulo 1:
El Statu Quo / Orden Establecido

El término "status" es una expresión utilizada para referirse al estado actual de las cosas o la situación actual, en el sentido de cómo están las cosas en un momento específico. Es una frase que proviene del latín y se ha incorporado al uso común en varios idiomas, incluyendo el español.

El "status quo" describe el estado presente o la condición actual de un sistema, una organización, una sociedad o cualquier otro contexto específico. Puede referirse a una situación política, social, económica o cualquier otra área de la vida. En el caso de este libro nos referimos al status quo de la FALSA MEDICINA MERCANTIL. Mantener el "status quo" implica mantener las cosas como están actualmente, sin realizar cambios o alteraciones significativas.

La expresión también se utiliza a menudo en discusiones sobre cambios o reformas en diferentes ámbitos. Cuando se habla de mantener el "status quo", generalmente implica una preferencia por la continuidad y la estabilidad, en lugar de introducir cambios radicales. Por otro lado, cuando se habla de cambiar el "status quo", significa que se busca alterar o modificar la situación actual para lograr ciertos objetivos o mejorar aspectos específicos.

En resumen, el "status quo" se refiere al estado actual o situación presente de las cosas, ENTONCES la propuesta de este libro es derrocar el statu quo de la **FALSA MEDICINA MERCANTIL**, es decir, al cartel farmacéutico, a través de la sumatoria de todas las verdaderas medicinas y terapias, ancestrales, milenarias y naturistas formando así **LA NUEVA MEDICINA CONTESTATARIA**, lista para hacerle frente al criminal status quo.

Capítulo 2:
La pirámide de la elite mundial

A estas alturas de la vida, ya no es un secreto que el mundo está estructurado a través de una cadena de mando, y la ciudadanía es dirigida como un ganado, sí, un ganado humano, dominado por una minoría conformada por ciertas familias y grupos elitescos.

En las siguientes gráficas se demuestra cómo funciona esta estructura de poder.

Ellos son menos del 1% de la población, los Rockefeller, Los Rothschild, los Judíos Sionistas, los Masones de altos grados Pinaculares, La Mafia del Vaticano, la Corporatocracia, Los Banqueros, El pentágono, Artistas y Científicos vendidos, Congresistas y Políticos, Los Bilderbergs, entre otros.

Todos estos últimos, extraña y jocosamente, están representados en La Serie Animada *"Los Simpson"* por el personaje del Sr Berns; Pederastas, capaces de Tomar Sangre de niños para sentir los efectos del Adrenocromo, todos estos servidores de la oscuridad pronto les llegará su hora. Tenemos que tomar acción urgente y crear **LA NUEVA MEDICINA CONTESTATARIA**.

Los Protocolos de los Sabios de Sion, es un libro basado en un acta que se escapó de las reuniones secretas de estas élites, este libro obviamente lo han desacreditado, pero ya a estas alturas del juego es imposible ocultar la verdad, los planes del control mundial se revelan en dicho libro, "**Los Protocolos de los Sabios de Zion**" son increíblemente idénticos con la realidad que estamos viendo en la actualidad.

"El ganado Humano", un 90% de la humanidad, pasa por sus 4 estaciones de la muerte, "La Rueda del Samsara Farmacéutica" justamente por no tener conocimientos, se ven obligados a pasar por estas estaciones de la muerte, totalmente dormidos y sin darse cuenta.

Ellos durante la historia han estado presentes, quemando bibliotecas y ocultando información para mantenernos en la oscuridad dando vueltas, enfermos, pobres y embrutecidos.

Son maestros de la oscuridad, ese es su trabajo, pero hasta ahí¡ son solo eso, no tienen la verdadera luz, por eso nos atacan y nos encierran dentro de su gama de "SISTEMAS", sistema bancario, sistema judicial, sistema educativo, sistema médico, etc.

Toda esta red parece bastante oscura y poderosa, sin embargo, una de las armas más poderosas, es estar conscientes que es sólo un juego, que nunca podrán destruir a nuestro espíritu, porque nuestro espíritu es un fuego eterno, por ello el conocimiento, la risa, la sonrisa y la alegría tienen una frecuencia súper rápida y poderosa, liberadora y limpiadora de toda vibración baja y desordenada, que nos quiera empujar a la entropía, a la enfermedad y la pobreza de todo tipo.

Capítulo 3: Las instituciones son tecnologías de manejo de ganado humano.

El orden social establecido en el mundo se le conoce como STATU QUO, son instituciones poderosas que dominan y manipulan a la ciudadanía con el fin de perpetuarse en el poder. Las instituciones son las siguientes:
Los Bancos
Las Religiones
Los Gobiernos
Las Escuelas
Las Universidades
Las Policías
Las Cárceles
Los Militares
Las Corporaciones
Los Medios de Comunicación Masivos
Las Farmacias
Las Clínicas y Hospitales
Cada una de estas instituciones son TECNOLOGIAS DE MANEJO DE GANADO HUMANO. El verdadero fin de estas Instituciones no es cuidar y proteger a la ciudadanía, NO, por el contrario, pretende adoctrinar, empobrecer, enfermar y embrutecer al ganado humano para que sea dócil y débil y de esta forma poder controlarnos fácilmente.

Todos los mecanismos de esta sociedad están al servicio del des empoderamiento de los ciudadanos, para convencernos y lavarnos el cerebro constantemente, que las instituciones son buenas y no malas y que están trabajando por el bien de la humanidad, pues NO, hoy levanto la voz y además escribo este libro para que se entienda que no es así.

Las Instituciones del STATUS QUO son CRUELES **Tecnologías de Manejo de Ganado Humano**, tan crueles y peores como las que se implementan en las granjas de animales, donde su fin último es una muerte espantosa, refiriéndome a la muerte de los animales y a la humanidad.

Capítulo 4:
La medicina tradicional, ancestral y milenaria pasa a ser alternativa

Aproximadamente en el año 1917 tras la primera guerra mundial, el astuto empresario multimillonario John D. Rockefeller, emprendió la criminal tarea de desvirtuar la **VERDADERA MEDICINA**, es decir, la **MEDICINA NATURAL**, para establecer su **FALSA MEDICINA MERCANTIL**, desplazando a la Medicina **AYURVEDICA** con más de 6mil años de historia, desplazando a la **Medicina Tradicional China** con más de 3 mil años, desplazando y desvirtuando otras ramas de la medicina naturista, la naturopatía, la homeopatía, la herbolaria, la medicina sistémica, entre otras varias. Adoctrinando a la fuerza a nuevos médicos en aquel entonces y manipulando con su poder a las Universidades, siendo el líder y fundador de la industria petrolera, tenía el poder para fundar y levantar a la INDUSTRIA FARMACEUTICA, el tren de la muerte dicho en otras palabras, también creó la terrible Fundación contra el cáncer, la que más tarde se convertiría en otra miserable industria.

Es en este episodio de la historia, es donde empieza a formarse, a lo que yo denomino el **CATALOGO DE LAS DROGAS FARMACEUTICAS**, una serie de drogas derivadas del petróleo, que solo inhiben los síntomas de las enfermedades pero que jamás curan a nadie realmente, puesto que lejos de desintoxicarnos para liberarnos de los síntomas de las enfermedades, por el contrario nos envenenan aún más.

Capítulo 5:
El Cártel farmacéutico
El Big Pharma

El significado de un Cártel: Gran organización criminal que establecen acuerdos de autoprotección, colaboración y reparto de territorios (plazas) para llevar a cabo sus actividades criminales, principalmente de narcotráfico.

Este cártel está conformado por 4 instituciones cómplices, EL BIGPHARMA y sus laboratorios, las universidades, los doctores y las tiendas de distribución de drogas farmacéuticas conocidas como farmacias y por último los gobiernos aprobando leyes para su distribución

1. EL BIGPHARMA y sus laboratorios. **Crean drogas.**
2. Las Universidades. **Adoctrinan a los doctores.**
3. Doctores. **Recetan drogas.**
4. Las Farmacias. **Distribuyen las drogas.**

El Big Pharma a su vez está conformado por 11 compañías criminales.
1. Sanofi Aventis.
2. Jhonson and Jhonson.
3. Novartis.
4. Roche.
5. Merck.
6. Pfizer.

7. Wyeth.
8. AstraZeneca.
9. Bristol Meyers Squibb.
10. Glaxo Smith Kline.
11. Bayer

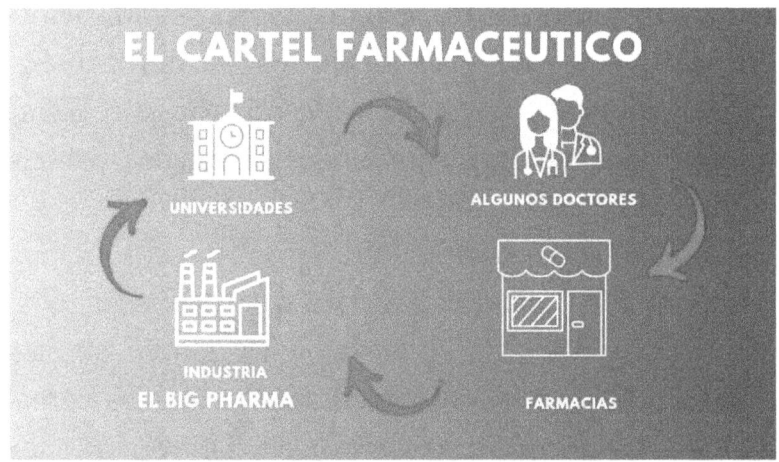

Capítulo 6:
Las 4 estaciones de la muerte

Todo el mundo sin darse cuenta recorre las **4 ESTACIONES DE LA MUERTE** a diario, sin siquiera percibirlas, así que la pobre humanidad, la ciudadanía, el ganado humano para los líderes de la esfera de poder, se encuentra preso y no lo sabe, preso del STATU QUO, del orden establecido.
Las 4 estaciones de la muerte son:
1. Los Supermercados
2. Las Clínicas y Hospitales
3. Las Farmacias
4. Los Cementerios

Capítulo 7:
Ramas de la Falsa Medicina

Toda rama de la **FALSA MEDICINA MERCANTIL**, es una seudo-ciencia y se puede descartar fácilmente, por el sencillo hecho de que los doctores en sus consultas, pretenden resolver los problemas de salud a partir de **drogas farmacéuticas**, y no con plantas medicinales, adaptógenos, desintoxicación de los órganos de eliminación, nutrición ortomolecular, etc.

Así que todo doctor que a usted, le prescriba drogas farmacéuticas, debe entender claramente que usted está siendo víctima de la estafa del Cártel Farmacéutico y que jamás ni nunca, será curado por estos venenos farmacológicos, quizás sienta alivio por un tiempo, quizás desaparezcan sus síntomas, pero puede tener la seguridad que usted no está siendo sanado, usted está siendo anestesiado.

<u>*Algunas ramas de la falsa medicina son las siguientes:*</u>
- Internista
- Pediatría
- Ginecología
- Obstetricia
- Cardiología
- Dermatología
- Neurología
- Oftalmología

- Otorrinolaringología
- Psiquiatría
- Oncología
- Endocrinología
- Nefrología
- Gastroenterología
- Reumatología

Todas estas ramas tratan los síntomas a fuerza de **DROGAS FARMACEÚTICAS**, pero jamás resuelven el problema de raíz, hoy en día para poder resolver los problemas de salud, <u>la base principal es la desintoxicación de los 6 órganos de eliminación y corregir las deficiencias nutricionales.</u>

La gran mayoría de los problemas de salud en la actualidad son de origen digestivo, comidas procesadas e industrializadas, por contaminación de metales pesados y en cierto porcentaje por los chemtrails, por la contaminación del aire, por todos los tipos de estrés que estudiaremos más adelante, NO son enfermedades hereditarias como nos quiere hacer creer la **FALSA MEDICINA MERCANTIL,** con el objetivo de vender a gran escala sus drogas farmacéuticas.

Capítulo 8: Todos los doctores NO son Médicos.

LA VERDADERA MEDICINA, **LA NATURISTA** no es solo una ciencia, es también un arte y un oficio, que requiere mucha dedicación, tiempo y vocación para la formación de un verdadero médico, mientras en la FALSA MEDICINA, como ya vimos en los temas anteriores, intervienen las instituciones corruptas para formar doctores, **NO** médicos, el doctor alcanza ese grado académico luego de ser adoctrinado en la nefasta universidad, en donde no enseñan nada acerca de ADAPTOGENOS, ni de como desintoxicar el cuerpo, nutrición y mucho menos de la energía y su relación con la medicina.
El verdadero médico posee el conocimiento y la facultad para orientar a los pacientes a:
- ✓ Suspender sus malos hábitos. VENENOS
- ✓ Desintoxicar los 6 órganos de eliminación.
- ✓ Identificar las deficiencias nutricionales y suplementarlas.
- ✓ Usar terapias y adaptógenos para acelerar su recuperación.
- ✓ Chequear que pasa en el campo psicológico. Biodescodificación.
- ✓ Fortalecer el sistema inmune.
- ✓ Balancear la dieta.

La gran mayoría de doctores egresados de una universidad, solo tienen la facultad para recetar drogas farmacéuticas con su mortal catálogo de droguería, entonces si siguen ciegamente este protocolo de la **industria de la farmacéutica**, *para tal enfermedad tal droga,* bueno queda claramente en evidencia, su poca capacidad intelectual de darse cuenta que es solo un **NEGOCIO MILLONARIO del CARTEL FARMACEUTICO**, que actúa bajo la premisa de UN **PACIENTE CURADO ES UN CLIENTE PERDIDO.** En otras palabras no les interesa curar a las gentes.

Un doctor que dedica su vida a recetar drogas farmacéuticas, en mi opinión, no demostró una verdadera vocación y amor por la medicina, muchos estudiaron la carrera sólo por el prestigio social de ser llamados doctores, por los beneficios económicos, por el status social, pero en el fondo, ignoran dos veces, no saben que no saben. No saben cómo funciona realmente la medicina, quedaron adoctrinados por el STATU QUO y su falsa doctrina.

Ahora bien, una minoría, capaz, verdaderamente inteligente, audaz, brillante, se dieron cuenta de este modus operandi del **cartel farmacéutico**, y a pesar de ser egresados de una institución inmersa dentro del **STATU QUO** u *orden establecido,* por su moral, respetando el juramento Hipocrático, inspirados muchos en sus propias enfermedades o la de sus seres queridos, que sufrían enfermedades que no desaparecían con el uso de la droguería, eligieron inteligentemente el camino de la VERDADERA

MEDICINA, **La Medicina Naturista**, el camino de la investigación autodidacta, **siempre científica**, para buscar soluciones a todos estos problemas modernos de salud, donde la pobre humanidad padece muchos desordenes hormonales, deficiencias nutricionales, enfermedades autoinmunes, intoxicación, cáncer, etc.

Entre los más destacados y que tienen mis más profundos respetos y admiración, El Dr. y médico Max Gerson y el Dr. y médico Andreas Moritz.

En la actualidad, en sur américa hay muchos (doctores-médicos) que despertaron, y siguen el camino de la VERDADERA MEDICINA, LA MEDICINA NATURAL, de Venezuela hay 2 compatriotas, que de verdad son líderes mundiales, a los cuales también respeto y admiro profunda y sinceramente, los excelentísimos Dres. **Ludwig Johnson** y **Alberto Wullf** (Dr. Heal).

De Colombia está el excelentísimo **Dr Alejandro Segebre**, de Argentina el **Dr. Larosa**, de Chile La **Dra. Diana Tapia** que fue mi profesora mientras yo vivía por aquel país, y de Chile también el **Dr. Ricardo Soto**, de España está el Dr. **Alberto Martí Bosh**.

Todos ellos son doctores que a pesar de ser egresados de una institución del STATU QUO, **DESPERTARON** y ejercen la VERDADERA MEDICINA, LA MEDICINA NATURAL.

Así que aquí surge una pregunta, <u>**¿puede ser alguien Médico, sin ser doctor?**</u> Y la respuesta definitiva y sin temor a equivocarme es un rotundo **SI**.

En mi opinión, los dos casos más conocidos, son los de los excelentísimos **Frank Suárez** y **Linus Pauling**, *este último con* **2 premios Nobel**, uno a la Paz y el otro premio de Química**, Linus Pauling** famoso por su célebre frase "NO EXISTEN LAS ENFERMEDADES, SOLO EXISTEN DEFICIENCIAS NUTRICIONALES"

Fran Suárez Médico Autodidacta e investigador independiente, el favorito de millones de personas, sin ser doctor egresado de ninguna una universidad, curó y resolvió cientos de miles de casos, durante años atendió 200 pacientes diarios, en sus centros **NATURAL SLIM**, entregó su conocimiento de forma gratuita, a través de su famoso canal de YouTube, METABOLISMO TV.

Entonces, **Frank Suárez** y **Linus Pauling** son dos claros ejemplos de verdaderos **MEDICOS**, médicos autodidactas, investigadores médicos independientes, que no necesitaron estudiar en ninguna universidad para obtener un título de doctor y ser reconocidos a nivel mundial, tampoco necesitaron un título para poder ejercer y curar a cientos de miles de pacientes enfermos.

Para ellos, no tener un título que certificara un grado académico en la sociedad, no fue un impedimento para desarrollar su amor y su pasión por la medicina, de igual forma practicaron su arte y su oficio, lo que demostró una verdadera vocación. Así que está más que claro, que a un médico lo hace su conocimiento, su vocación y su capacidad para conseguir resultamos verdaderos en el área de la medicina, no lo hace un título universitario.

En mi caso, humildemente, practico y estudio este oficio hace más de 10 años, y al igual que Frank y Linus, mi formación ha sido autodidacta, soy un investigador independiente, he tenido dos sencillos consultorios, uno en Chile y otro en Venezuela, donde he atendido pacientes, con psoriasis, depresión, estreñimiento, acné, cansancio, problemas de piel, hígado graso, migraña y otros padecimientos, obteniendo resultados sin utilizar por supuesto ninguna droga farmacéutica.

La principal acción en mi consulta, como la de todos los médicos naturistas, es limpiar y desintoxicar los intestinos primero que nada, porque es ahí donde se absorben los nutrientes y las medicinas. En las redes sociales, mi seudónimo es @_doctor_hacker

Capítulo 9:
Catálogo del cartel Farmacéutico para envenenar a la humanidad

Antiinflamatorio: Droga que reduce la inflamación en el cuerpo. Ejemplos: ibuprofeno, naproxeno y aspirina.
Antidepresivo: Droga que trata la depresión y otros trastornos del estado de ánimo. Ejemplos: sertralina, fluoxetina y duloxetina.
Anticoagulante: Droga que previene la coagulación de la sangre. Ejemplos: warfarina, heparina y rivaroxabán.
Antihipertensivo: Droga que reduce la presión arterial alta. Ejemplos: IECA, BRA y bloqueadores de canales de calcio.
Antibiótico: Droga que trata las infecciones bacterianas. Ejemplos: amoxicilina, azitromicina y ciprofloxacina.
Antihistamínico: Droga que trata las reacciones alérgicas. Ejemplos: loratadina, cetirizina y fexofenadina.
Antiespasmódico: Droga que reduce los espasmos musculares. Ejemplos: hioscina y drotaverina.
Antiácido: Droga que reduce la acidez estomacal y alivia los síntomas de la acidez estomacal y la indigestión. Ejemplos: hidróxido de aluminio, hidróxido de magnesio y bicarbonato de sodio.
Antialérgico: Droga que trata las alergias. Ejemplos: cromoglicato de sodio y montelukast.

Antimuscarínico: Droga que reduce la actividad del sistema nervioso parasimpático. Ejemplos: atropina y ipratropio.
Antitusígeno: Droga que reduce la tos. Ejemplos: dextrometorfano y codeína.
Antidiarreico: Droga que reduce la diarrea. Ejemplos: loperamida y difenoxilato.
Antipirético: Droga que reduce la fiebre. Ejemplos: paracetamol e ibuprofeno.
Anticonvulsivo: Droga que previene las convulsiones. Ejemplos: carbamazepina, valproato y fenitoína.
Antipsicótico: Droga que trata los trastornos psicóticos, como la esquizofrenia. Ejemplos: risperidona, olanzapina y quetiapina.
Antiemético: Droga que reduce las náuseas y los vómitos. Ejemplos: ondansetrón, metoclopramida y dimenhidrinato.
Antimicótico: Droga que trata las infecciones fúngicas. Ejemplos: fluconazol, itraconazol y terbinafina.
Anticonceptivo: Droga que previene el embarazo. Ejemplos: píldoras anticonceptivas, parches anticonceptivos y dispositivos intrauterinos.
Antiviral: Droga que trata las infecciones virales. Ejemplos: aciclovir, oseltamivir y ribavirina.

Capítulo 10:
El cartel Farmacéutico procede a amputar. Mala praxis.

Es increíble, es inaudito, hasta donde llega la perversidad de la falsa medicina, por no enseñar a la humanidad a detoxificar los 6 órganos de eliminación, claro porque se les caería el NEGOCIO MULTIMILLONARIO de su Industria Farmacéutica.

El modus operandi del Cartel Farmacéutico, consiste en una serie de malas praxis, disfrazadas de avances médicos, amputan y mutilan, partes del cuerpo cuando este ya se encuentra demasiado intoxicado, recuerden, todo empieza con la mal llamada Industria Alimenticia, las vacunas, el flúor en la pasta de diente y en el agua, mercurio en los mares, chemtrails, etc. El statu quo NOS ENVENENA para luego vendernos su FALSA MEDICINA.

Las amputaciones más comunes son de:
- ✓ Apéndice.
- ✓ Amígdalas.
- ✓ Hemorroides.
- ✓ Vesícula

Falsas Terapias
- ✓ Radioterapia
- ✓ Quimioterapia

Estas dos últimas mal llamadas terapias, destruyen el sistema inmunológico del paciente, eliminan células cancerígenas pero también un sinfín de células buenas y por eso el gran deterioro que sufre el paciente. Así que desde el punto de vista de la ética y la moral, son métodos ultra invasivos que más es lo que destruyen que lo que aportan de beneficio. Son verdaderamente dos malas praxis que nadie debería utilizar.

Capítulo 11:
Algunos Médicos asesinados y perseguidos por el cartel Farmacéutico

Muchos excelentísimos médicos, genuinos sanadores de real vocación, que descubren y demuestran la cura del cáncer, o de muchas enfermedades y dolencias, inmediatamente quedan en la mira del Cartel Farmacéutico, de los muchos casos voy a nombrar solamente a los que han sido mis maestros.

- ✓ Dr. Max Gerson
- ✓ Dr. Andreas Moritz
- ✓ Dr. Ryke Hamer
- ✓ Dr. Isack Goinz
- ✓ Médico Frank Suárez

Capítulo 12:
Traumatología y Microanálisis

Dentro de todo este aparato de la Mafia Farmacéutica y Médica, no podemos negar que La Traumatología y el Microanálisis de los Laboratorios, son de gran ayuda, con exámenes clínicos podemos llegar a diagnósticos más exactos y para atender accidentes y fracturas es evidente que con los avances modernos, La Traumatología es fundamental para resolver estos cosos.

Tengo la suerte de conocer y ser amigo de unos de los mejores traumatólogos de Venezuela, el Dr. Aroldo Macareño Stellings, me atrevería a decir que está dentro de los 100 mejores traumatólogos a nivel mundial, así que si necesitan ser atendidos por un Traumatólogo con mucha experiencia, conocimientos y estudios les dejo su instagram. @aroldorthopedics.

Capítulo 13:
La Odontología es cómplice Amalgamas de Mercurio y Fluor

La odontología como rama de la medicina resuelve muchos problemas en la dentadura humana, eso es muy cierto, pero de igual forma está trastocada por el Cartel Farmacéutico, es increíble como en una época resolvían las caries con Amalgamas de Mercurio, un metal pesado que resulta tremendamente venenoso para el ser humano, debilitando constantemente el sistema inmunológico y dañando continuamente la flora intestinal.

Sin embargo, la odontología y la farmacéutica continúan envenenando a la humanidad con el FLUOR en las pastas dentales y enjuagues bucales, logrando calcificar la glándula pineal impidiendo el correcto funcionamiento del sistema endocrino.

Capítulo 14:
La condición de la mayoría de la humanidad. Hígado Graso

El hígado interviene en más de 500 funciones, y en la actualidad, estamos siendo bombardeados por diferentes frentes, chemtrails con bacterias y virus, la industria alimentaria con grasas transgénicas, azúcar, harinas, embutidos, colorantes, bebidas alcohólicas, la odontología con su flúor y químicos en las pastas de diente y enjuagues bucales, la radiación de ondas electromagnéticas del 5g, los distintos tipos de estrés que generan cortisol y adrenalina por largos períodos envenenando nuestra sangre, estrés laboral, estrés financiero, estrés familiar, estrés nutricional, etc. sin nombrar la contaminación de las aguas por mercurio entre otros venenos y también la contaminación del aire.

El hígado es quien recibe toda esta paliza directamente, y sabiendo que una de sus funciones principales es la de filtrar la sangre, entonces es el primer afectado, pero el hígado es silencioso, el sigue trabajando arduamente por mantener la sangre limpia y la homeostasis del cuerpo.

En definitiva, por estos días, la gran mayoría de los humanos tienen el hígado graso porque todos estamos expuestos a toda la toxicidad nombrada anteriormente, son muy raros los casos de personas con un hígado en perfecto estado.

El *hígado graso* se le conoce también como *esteatosis hepática* o *hepatosis grasa*, pero quiero explicar los detalles en este libro, de que significa verdaderamente un hígado graso, mis estudios de medicina comienzan con la muerte de mi padre Ángel Rafael, por un cáncer de hígado, y todo esto me llevo a conocer a dos genios de la medicina moderna, a el Dr. Andreas Moritz y al Dr. Alejandro Segebre, mis maestros del hígado y del colon, los REYES DEL HÍGADO.

Soy Rafael, alumno de Los "Reyes del Hígado", los Doctores Andreas y Alejandro, hijo de Ángel Rafael "Profesor de estadística, matemática y física" estudiante de Imhoteph "El Sabio que viene en Paz", lo primero que usted debería entender si quiere recuperar su salud, es que debe limpiar profundamente el hígado y no caer enmarañado en las redes de la FALASA MEDICINA MERCANTIL, pero para limpiar su hígado debe cumplir un requisito fundamental, LIMPIAR SU COLON.

Así que usted debe:
NUMERO 1 SUSPENDER VENENOS
NUMERO 2 HACER UN DETOX DE COLON
NUMERO 3 HACER UN DETOX DE HIGADO
NUMERO 4 CORREGIR LAS DEFICIENCIAS NUTRICIONALES

LISTA DE VENENOS:
- ✓ ALCOHOL
- ✓ AZUCAR
- ✓ EMBUTIDOS
- ✓ COLORANTES

- ✓ DROGAS FARMACEUTICAS
- ✓ DROGAS RECREATIVAS
- ✓ ALIMENTOS PROCESADOS
- ✓ ACEITES REFINADOS
- ✓ GRASAS TRANSGENICAS

¿QUE ES UN HIGADO GRASO?

El hígado graso o esteatosis hepática, es un proceso degenerativo de las células hepáticas que trae como consecuencia una producción de bilis defectuosa, este es el principal problema del hígado graso, se construye una bilis defectuosa, es decir, una bilis **densa** y no "liquida" que trae como consecuencia lodo biliar y cálculos biliares, la bilis pasa de un estado líquido a un estado sólido y se le denomina cálculos biliares.

Al quedar la bilis en forma de cálculos, el hígado se estanca, queda lleno de estas piedras y no fluye la bilis ni la sangre correctamente, por consiguiente las más de 500 funciones en las que interviene el hígado quedan deterioradas y empobrecidas. Ya estando el hígado estancado los demás órganos de eliminación (Sistema Linfático, pulmones, riñones, colon y piel) también comienzan a sobrecargarse, **y una vez sobrecargado todos los sistemas de eliminación ya el cuerpo es un terreno fértil para todo tipo de enfermedades.**

El hígado no es un órgano totalmente sólido o macizo, el hígado internamente tiene conductos biliares llamados conductos **canalículos**, por donde se desplaza la bilis hasta llegar a la vesícula biliar.

Los cálculos no se forman en la vesícula, esta es otra mentira de la gastroenterología, los cálculos se comienzan a formar en el hígado. La gastroenterología vive de los problemas gastrointestinales, una operación de vesícula biliar cuesta alrededor de entre 4.000 dólares hasta 10.000 dólares y toma entre 40 y 45min.
Después de una amputación de vesícula la digestión queda arruinada de por vida, por la sencilla razón de que la vesícula tiene una función importantísima, es un espacio reservorio, destinado a acumular la bilis, en promedio entre 30ml y 60ml de bilis disponibles para cada digestión.
Al ser removida la vesícula no existe ya un espacio reservorio que acumule la cantidad necesaria de bilis para cada digestión, para cada comida, entonces cada comida tendrá que ser digerida con solo algunas gotas de bilis que bajen directamente del hígado por el conducto colédoco hasta el duodeno, entonces con esta cantidad tan baja de bilis no hay poder digestivo y las comidas jamás volverán a ser digeridas, ni absorbidas, ni eliminadas correctamente.
"Otra mala praxis de la FALSA MEDICINA MERCANTIL del CARTEL FARMACEUTICO" la amputación de la vesícula.

Algunos Síntomas de un hígado graso

Estos son solo algunos síntomas que indican que el hígado está estancado, no se tienen que tener todos al mismo tiempo, de hecho hay gente que tienen el hígado graso y no presentan ningún síntoma, personas entre 13 años de edad aproximadamente y 40 años no presentan síntomas en algunos casos.

Capítulo 15:
Covid 19 La Plandemia. 5G. Grafeno.

Esta falsa Pandemia del 2019, dirigida por el Cartel Farmacéutico y el Magnate Bill Gates, experto en monopolios de productos innecesarios como Windows, "innecesarios ya que Linux lo dejó en evidencia con su sistema operativo gratis y libre de virus", como dato adicional se sabe también que el servidor principal de la compañía de Windows corre con el sistema operativo Linux, ya que es super estable y libre de virus, vaya ironía, bueno, este Sr Bill Gates es el mismo que crea virus en sus laboratorios para después vender antivirus, vende licencias con fecha de vencimiento para garantizar ventas continuas, robó y usurpó ideas de Steve Jobs, además es accionista de Monsantos, compañía que pretende privatizar las semillas a través de modificaciones genéticas, los conocidos transgénicos de frutas, vegetales, verduras y hortalizas para generar otro monopolio más, el magnate se ha dedicado a comprar enormes extensiones de tierra para llevar a cabo este otro macabro plan de la privatización de las semillas, así queda en contexto quien es este personajillo.

Bueno en fin, la vacuna también se supo que contiene GRAFENO, ideal que corra por la sangre de toda la población humana, o ganado humano, que es el nombre con el que ellos nos etiquetan, para que la tecnología 5G pueda funcionar mucho mejor, si así es, el WIFI 5G corre mejor y mucho más rápido porque el GRAFENO corriendo en la sangre de la población mundial, es un excelente conductor de las micro ondas del 5G, así que todos los vacunados son un canal por donde corren las microondas, dicho en otras palabras sirven de pequeñas antenas mejorando la conectividad del internet.

Entonces, por un lado pueden reducir la población y salir de personas ansianas y enfermos que no soportasen esta vacuna, y por el otro lado avanzan en el control tecnológico del ganado humano con un internet más potente, y llevan al ganado humano justo a donde quieren, una población LGTB de fácil dominio sumergidos en una vida virtual, disociados de la realidad, esa es una pequeña parte de la agenda 2030 queridos lectores.

Para cerrar el tema de la "Pandemia" tengo una anécdota muy especial, en mi camino de estudios de medicina naturista y energética, una vez más, tuve la afortunada oportunidad de conocer a **"JAS" José Agustín Sánchez**, conocido como **El Chamán Sónico**, **@jascompositor**, definitivamente un maestro en varias áreas, Director de Orquesta Sinfónica, un extraordinario pianista, excelente amigo, Nacido en San Cristóbal Venezuela. Conozco a **Jas** en unas circunstancias un poco duras de mi vida, vivía yo en aquel entonces en casa de una querida amiga, Zoe Bolívar, una artista de televisión muy famosa de Venezuela, odontóloga y maestra de yoga, recuerdo que una tarde me llamaron dos amigos muy queridos, José Cabrera y su esposa Vanesa,

José Agustín Sánchez.
Director y Compositor de Orquesta Sinfónica
que también vivían en casa de Zoe, cuando les atiendo el teléfono, con una voz que demostraba cierta urgencia, me preguntaron, Rafa¡ dónde estás? Yo estaba en mi moto haciendo diligencias por las calles de Caracas; Rafa¡ vente urgente, aquí están dos amigos increíbles que queremos que conozcas, y bueno terminé rápido de hacer lo que estaba haciendo y llegue a casa de Zoe en 20 minutos, y estaba Jas acompañado de una maestra de Astrología, increíblemente capacitada y audaz en este conocimiento, quien me ha ayudado a terminar de estudiar más profundamente mi carta astral, La increíble Dagmar¡ el Oráculo, @oraculo422.

Nos reunimos y sentí que los conocía desde hace mucho tiempo, unos seres la verdad muy especiales y únicos. Esa misma noche intercambiamos números, y al día siguiente Jas me llama y me invita a comer y a reunirnos, y mi gran sorpresa es que me invitó a un tremendo viaje al Amazonas de Venezuela, y conocí más de cerca su proyecto, un proyecto sin

Desinfección Musical Estado Amazonas. 1 de marzo de 2022. *A la izquierda Dagmar.* **"El Oráculo"***; en el centro Rafael* **"Dr. Hacker"***; a la derecha José Agustín Sánchez* **"Jas"**

precedentes, una obra de arte íntimamente vinculada con la medicina.

Resulta ser que el maestro José Agustín Sánchez, estuvo durante toda la Pandemia, visitando todos los hospitales, de todos los estados de Venezuela, con su piano, y tuve el honor de ayudarlos en el último estado de su misión, en Amazonas, a visitar enfermos en hospitales, de todo tipo, ya pasada la emergencia de la Pandemia, Jas seguía dando un aliento de vida, el mismo compuso varios temas que tienen una frecuencia vibratoria matemática, en su partitura musical, capaz de eliminar patógenos, donde hubo una comprobación científica por parte de la Dra. Andwy Pérez @dra.andwyvalentina, de cómo los sistemas inmunológicos de pacientes con **covid19** y otros síntomas, se fortalecían y se elevaban de manera vertiginosa, después de comprobarlo en los microanálisis de laboratorios clínicos, de ahí el otro merecido seudónimo del Chamán Sónico.

Capítulo 16:
Por qué la Falsa Medicina NO cura?

Primeramente, como ya sabemos, la premisa principal con la que trabaja el Cartel Farmacéutico es: **UN PACIENTE CURADO ES UN CLIENTE PERDIDO**, por lo tanto todo el sistema de la falsa medicina está diseñado para no curar sino para controlar los síntomas, así que si se dejan de tomar sus drogas, los síntomas aparecen nuevamente, generando una fármaco-dependencia.

Ahora, las razones científicas son las siguientes.

- ✓ NO DETOXIFICA LOS 6 SISTEMAS DE ELIMINACION DEL CUERPO HUMANO.
- ✓ NO FORTALECEN EL SISTEMA INMUNOLOGICO.
- ✓ NO CORRIGEN LAS DEFICIENCIAS NUTRICIONALES.
- ✓ NO RELACIONAN LAS ENFERMEDADES CON LOS COMPLEJOS **PSICOLOGICOS**. BIODESCODIFICACION.

Capítulo 17:
10 Tipos de Estrés

Se entiende por estrés a una respuesta natural y fisiológica del cuerpo ante situaciones que percibe como desafiantes, amenazantes o demandantes. Es una reacción que ha evolucionado como parte de la supervivencia humana, preparando al cuerpo para enfrentar o huir de situaciones potencialmente peligrosas. Sin embargo, en la vida moderna, el estrés puede ser causado por una variedad de factores y no siempre está relacionado con amenazas físicas inmediatas.

1. Estrés Laboral
2. Estrés Financiero
3. Estrés Nutricional
4. Estrés Electromagnético
5. Estrés por Drogas recreacionales
6. Estrés por Drogas farmacéuticas
7. Estrés Familiar
8. Estrés Ambiental
9. Estrés por contaminación sónica
10. Estrés marital

Capítulo 18:
Documentales en Youtube y Netflix para salir de la confusión

El sistema de control para el ganado humano, cuando los documentales son muy reveladores los eliminan, por suerte quedan algunos buenos documentales de investigadores independientes que invirtieron tiempo y dinero para acercarse a descubrir la verdad.

YOUTUBE
- ✓ El Lado Oscuro de la medicina. Dr Hacker.
- ✓ Alimentación y Conducta. Dr Russel.
- ✓ Trive.
- ✓ Salud en Venta.
- ✓ What the Health.
- ✓ La Educación Prohibida.
- ✓ De la Servidumbre Moderna.
- ✓ Home
- ✓ Documental sobre el Ayuno.
- ✓ La Hermosa Verdad. Terapia Gerson
- ✓ Dr Hamer "Solo contra todos" Documental

NETFLIX
- Medicina Letal
- The Game Changers
- Intoxicación: La cruda verdad sobre nuestra comida

Capítulo 19:
¿Como se explica tanta maldad por parte del Cartel Farmacéutico?

En mi temprana juventud leí muchos libros del maestro espiritual Michael Omraam Ahivanhov, y recuerdo claramente una clasificación que hizo en uno de sus libros, **"El árbol de la ciencia del bien y del mal"**. Hablaba de los tipos de hombres y los relacionó con las partes de un Árbol.

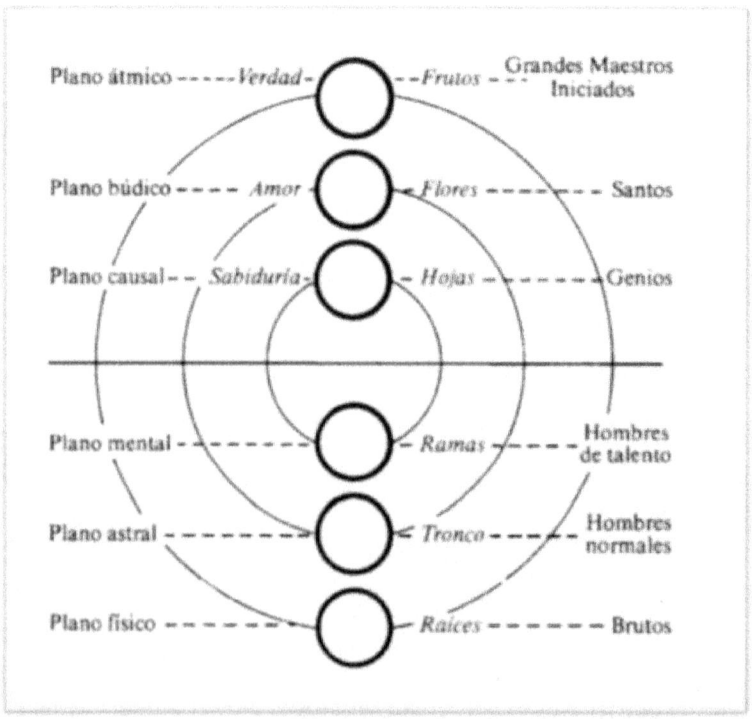

Imagen del Libro: El árbol de la ciencia del bien y del mal.

Michael Omraam Aivanov. Filósofo y Maestro Espiritual Francés.

Bueno es más que obvio al grupo que pertenecen los del cartel farmacéutico.

Dice el maestro Michael Omraam, en uno de sus tantos libros, **El Hombre a la Conquista de su Destino**, "*Ese viejo método de la venganza no aporta ninguna solución; puesto que complica las cosas, las entorpece, aumenta las deudas kármicas y conduce finalmente a la derrota y ésta tarde o temprano, lleva al hombre a su desaparición. Si es así, no podremos decir que haya actuado precisamente con una gran inteligencia. Consideremos ahora a un verdadero Iniciado. Él también ha sido fatalmente ultrajado, manchado, pisoteado, abandonado y humillado por seres que estaban interesados en eliminarle. Pero al conocer las leyes, aplica otros métodos. En vez de vengarse directamente de sus adversarios, les deja tranquilos libres y en paz: ¡que progresen como quieran¡ sabe de ante mano cuál será su fin*" Así que a la elite, El Big Pharma y su cartel farmacéutico, dejémosle en paz, ya sabemos cuál será su fin. Pongamos toda la atención en la Luz de la Medicina Verdadera.

PARTE II:
LA LUZ DE LA MEDICINA
Medicina Naturista.
La verdadera Medicina.

Capítulo 20: El Ayurvda

Ayurveda quiere decir **AYUR** = CONOCIMIENTO / **VEDA** = VIDA, sabiduría de vida, para vivir nuestra vida con el menor sufrimiento posible.

El Ayurveda es un antiguo y a la vez atemporal sistema completo de medicina tradicional, que data de hace 6 mil años, aporta remedios y desintoxicaciones, para alcanzar y mantener óptimas condiciones nuestra salud y bienestar. Los beneficios de la Medicina ayurvédica han sido probados durante siglos de uso, y sus metodologías son tan aplicables hoy en Occidente como lo fueron hace miles de años en la India.

GLOSARIO AYURVEDICO:
1. **Dosha:** Los tres principios biológicos o energías funcionales que gobiernan los procesos corporales según la medicina ayurvédica: Vata (aire y éter), Pitta (fuego y agua) y Kapha (agua y tierra).
2. **Prakriti:** La constitución individual y única de una persona determinada por la proporción de los doshas en su cuerpo al nacer.
3. **Vikriti**: El estado actual de desequilibrio de los doshas en una persona, que puede diferir de su prakriti original.

4. **Pancha Mahabhutas:** Los cinco elementos básicos que componen todo en la naturaleza: tierra, agua, fuego, aire y éter.
5. **Agni:** El fuego digestivo responsable de la transformación y absorción de los alimentos en el cuerpo.
6. **Ama:** Toxinas o residuos metabólicos mal digeridos que pueden acumularse en el cuerpo y causar desequilibrios.
7. **Rasayana:** Terapia de rejuvenecimiento y fortalecimiento que busca promover la longevidad y mejorar la salud general.
8. **Marma:** Puntos vitales del cuerpo que son importantes en terapias como el masaje ayurvédico.
9. **Abhyanga:** Técnica de masaje terapéutico con aceite utilizada para equilibrar los doshas y mejorar la circulación.
10. **Nasya:** Terapia que implica la administración de aceite o hierbas en las fosas nasales para mejorar la salud de los órganos sensoriales y la mente.
11. **Panchakarma**: Un conjunto de cinco terapias de purificación y desintoxicación utilizadas para restablecer el equilibrio de los doshas.
12. Yoga: Parte integral de la medicina ayurvédica, el yoga es un sistema de prácticas físicas, mentales y espirituales para promover la salud y el bienestar.

13. **Pranayama:** Técnicas de control de la respiración que ayudan a regular las energías vitales en el cuerpo.
14. **Dinacharya:** Rutinas diarias recomendadas en la medicina ayurvédica para mantener el equilibrio y la salud, que incluyen hábitos como levantarse temprano, hacer ejercicio y meditar.

Recuerda que estos términos son solo una introducción a la medicina ayurvédica y que este sistema abarca una amplia gama de conceptos, técnicas y enfoques para la salud y el bienestar. Si estás interesado en aprender más, te recomiendo explorar recursos confiables y consultar a profesionales capacitados en medicina ayurvédica, por ejemplo a la maestra de medicina Ayurveda en latino américa la Dra. María de Ezcurra, @aprendiendo.ayurveda.

Capítulo 21:
La Desintoxicación como Medicina

En la actualidad, como hemos mencionado desde el principio de este libro, la población mundial está siendo vil mente envenenada por **EL CARTEL FARMACÉUTICO**, y ahora es cuando más necesitamos saber y entender que el cuerpo tiene 6 órganos y sistemas de eliminación, que cumplen la función de filtrar la sangre, y debemos saber cómo se desintoxican, como se limpian.

En el proceso de desintoxicación, podremos ver como el cuerpo humano va recuperando la salud, así que estamos en presencia de un verdadero proceso médico por definición, que no pospone los síntomas a través de drogas farmacéuticas, sino que va directo a la raíz de todos los problemas de salud: la suciedad e intoxicación de nuestros 6 sistemas de eliminación.

Cada digestión produce también desechos metabólicos, que con el pasar de los años se acumulan en nuestros sistemas y órganos de eliminación, por lo tanto es bien sabido en la medicina ancestral y milenaria que periódicamente debemos hacer limpiezas, purgas, ayunos y tratamientos que ayuden a la eliminación de desperdicios tóxicos, productos de miles de digestiones, que se van acumulan dentro de nuestros órganos.

Es evidente que **LA FALSA MEDICINA MERCANTIL** no utiliza estos procesos, porque si los utilizaran, la población mundial empezaría a curarse realmente, y no necesitarían sostener ningún consumo de drogas farmacéuticas, y su macabro negocio multimillonario se derrumbaría.

Así pues, que quede claro, que la base de la medicina debe ser la desintoxicación como base de todo proceso de curación.

Capítulo 22:
Catálogo de la medicina Naturista: Algunos Adaptógenos y plantas curativas. ¿Qué es un adaptógeno?

Los plantas adaptógenas son tesoros botánicos que ayudan al cuerpo a restablecer el equilibrio y adaptarse al estrés. Actúan aumentando la resistencia del cuerpo a múltiples factores estresantes, incluidos los físicos, emocionales, químicos y ambientales. También protegen contra el estrés agudo y crónico. Sus efectos normalizadores en el cuerpo, sobre todo en lo que respecta a los sistemas endocrino e inmunológico, son los que los hacen únicos, aunque los adaptógenos funcionan de manera diferente en cada persona.

Al trabajar de manera no específica, alteran las operaciones básicas dentro del organismo, recuperando la homeostasis -el equilibrio- a través de sus propiedades regenerativas y ayudando a armonizar el cuerpo, la mente y el espíritu.

Los adaptógenos, combinados correctamente, han demostrado en innumerables casos, su efectividad en la cura del cáncer, enfermedades degenerativas y autoinmunes, el doctor Alberto Wullf, nativo de Caracas Venezuela, los llama ¨El Laboratorio de DIOS¨

1. Ginkgo Biloba: El Ginkgo biloba es un árbol único y antiguo originario de China que ha existido durante millones de años. Tiene propiedades antioxidantes y mejora la circulación sanguínea, particularmente en el cerebro.

2. Ginseng: El ginseng se utiliza tradicionalmente para mejorar la resistencia, aumentar la energía y mejorar la función cognitiva. Se le atribuyen propiedades adaptogénicas, lo que significa que puede ayudar al cuerpo a adaptarse al estrés y a regular sus funciones.

3. Maca: La maca a veces se clasifica como un adaptógeno, lo que significa que puede ayudar al cuerpo a adaptarse al estrés y a mantener un equilibrio homeostático.

4. Ashguawandha: La ashwagandha (Withania somnifera) es una planta medicinal que se ha utilizado durante siglos en la medicina tradicional india, conocida como Ayurveda. También se conoce comúnmente como "ginseng indio" debido a sus propiedades adaptogénicas, que se sabe que ayudan al cuerpo a adaptarse al estrés.

5. Rhodiola: La Rhodiola rosea es una planta herbácea que crece en regiones frías del mundo, incluyendo Europa, Asia y América del Norte. Se ha utilizado tradicionalmente en la medicina popular en diversas culturas y es conocida por sus propiedades adaptógenas, similares a la ashwagandha y otras hierbas.

6. Cordyceps: El cordyceps ha sido utilizado en la medicina tradicional china para problemas respiratorios y se han comprobado sus efectos beneficiosos en la función pulmonar, también se sabe de sus beneficios para los riñones.

7. Astrágalus: El astrágalo, también conocido como Huang Qi en la medicina tradicional china, se refiere a la planta medicinal Astragalus membranaceus. Esta planta es originaria de China y ha sido utilizada en la medicina tradicional china durante siglos. La parte de la planta que se utiliza con fines medicinales es la raíz.

El astrágalo es conocido por sus propiedades beneficiosas para la salud, y se ha utilizado para diversos propósitos en la medicina tradicional, especialmente para fortalecer el sistema inmunológico, mejorar la resistencia y combatir enfermedades.

8. Diente de león: El diente de león (Taraxacum officinale) es una planta herbácea que se encuentra comúnmente en muchas partes del mundo. Las hojas del diente de león son lobuladas y dentadas, lo que le da su nombre. Tienen un sabor amargo y son ricas en nutrientes como vitaminas A, C y K, así como minerales como hierro y calcio.

Sus raíces son largas y carnosas. A veces se utilizan con fines medicinales o culinarios. En la medicina tradicional, diversas partes de la planta, incluidas las hojas y las raíces, se han utilizado para una variedad de propósitos, como estimular el sistema digestivo y renal, y se ha sugerido que tiene propiedades diuréticas y antiinflamatorias. Se ha utilizado tradicionalmente como un diurético suave, lo que significa que puede ayudar a aumentar la producción de orina. El diente de león tiene propiedades antiinflamatorias que podrían ser beneficiosas para la salud.

9. Cola de Caballo: La cola de caballo (Equisetum arvense) es una planta perenne que ha sido utilizada con fines medicinales y ornamentales. La cola de caballo tiene tallos huecos y segmentados que pueden parecerse a la cola de un caballo, de ahí su nombre. La cola de caballo ha sido utilizada en la medicina tradicional por sus propiedades diuréticas y su contenido de sílice, que se benefician la salud de las uñas, cabello y piel.

La cola de caballo es conocida por su alto contenido de sílice, un mineral importante para la salud de las uñas, el cabello y la piel.

10. Uña de gato: La uña de gato se refiere comúnmente a dos plantas medicinales diferentes: Uncaria tomentosa y Uncaria guianensis. Ambas plantas son trepadoras que se encuentran en las selvas tropicales de América del Sur y han sido utilizadas en la medicina tradicional de la región.

1. Uncaria tomentosa (Uña de Gato del Perú o Uña de Gato): Es una planta trepadora con espinas en forma de garfio que recuerdan a las garras de un gato.

Ha sido utilizada en la medicina tradicional de la región amazónica, especialmente por comunidades indígenas, para tratar una variedad de dolencias, como problemas gastrointestinales y artritis.

Principios Activos: Contiene compuestos como alcaloides y quinovicósidos que tiene propiedades medicinales.

2. Uncaria guianensis (Uña de Gato de Brasil): Descripción: Similar a Uncaria tomentosa, es otra especie de uña de gato que también se encuentra en la región amazónica. Se ha utilizado en la medicina tradicional de la misma manera que Uncaria tomentosa, con aplicaciones similares en el tratamiento de diversas dolencias.

Ambas variedades de uña de gato han ganado popularidad en la medicina herbal y los suplementos naturales debido a sus beneficios para la salud, como propiedades antiinflamatorias y antioxidantes. Se utilizan en diversas formas, como tinturas, cápsulas o té.

11. Sábila: La sábila, también conocida como aloe vera, es una planta suculenta conocida por sus propiedades medicinales y beneficios para la salud. La sábila tiene hojas carnosas y puntiagudas que contienen un gel transparente en su interior. Ha sido utilizada durante siglos en diversas culturas por sus propiedades medicinales. Se sabe que la sábila es beneficiosa para la piel, así como para el sistema digestivo. El gel de sábila es conocido por sus propiedades calmantes y se utiliza comúnmente para aliviar quemaduras solares, irritaciones cutáneas y picaduras de insectos. También se encuentra en muchos productos de cuidado de la piel.

Algunas personas consumen jugo de sábila para ayudar a aliviar problemas digestivos como el estreñimiento o la acidez estomacal.

La sábila también tiene propiedades antiinflamatorias, lo que podría ser beneficioso para diversas afecciones. De igual forma puede aplicarse sobre heridas menores para ayudar en el proceso de cicatrización.

12. Moringa: La moringa (Moringa oleifera) es un árbol originario de regiones subtropicales y tropicales del sur de Asia y África. La planta se ha ganado la atención internacional debido a sus numerosos beneficios nutricionales y medicinales. Aquí tienes información sobre la moringa: Las hojas de moringa son ricas en nutrientes, incluyendo vitaminas (como vitamina C y vitamina A), minerales, antioxidantes y proteínas.

Las hojas de moringa son particularmente notables por su alto valor nutricional y se han utilizado en diversas culturas para abordar deficiencias nutricionales. Las hojas, frutas y semillas de moringa se utilizan para hacer suplementos alimenticios en forma de polvo, cápsulas o infusiones.

Se sabe de sus propiedades medicinales, incluyendo propiedades antiinflamatorias, antioxidantes y efectos hipoglucémicos.

13. Chanca Piedra: La chanca piedra, cuyo nombre científico es Phyllanthus niruri, es una planta que ha sido utilizada tradicionalmente en la medicina herbal de varias culturas. El nombre "chanca piedra" se traduce como "rompedora de piedras" en español, haciendo referencia a su uso tradicional para el tratamiento de problemas relacionados con los riñones y el sistema urinario.

Se le atribuyen propiedades antiinflamatorias, lo que la hace útil para problemas relacionados con la inflamación además es Antiviral y Antioxidante. Por último se sabe que es Hepatoprotectora, contribuye en la salud del hígado.

14. Centella Asiática: La Centella asiática es una planta herbácea perenne que se encuentra comúnmente en regiones tropicales de Asia, África y América del Sur. También es conocida con otros nombres como gotu kola, pegaga, o hierba del tigre.

Esta planta ha sido utilizada tradicionalmente en la medicina ayurvédica, china y otras prácticas medicinales tradicionales. Se sabe que tiene propiedades medicinales, y se ha utilizado históricamente para tratar diversas condiciones, incluyendo problemas de la piel, heridas, y trastornos neurológicos.

Algunos estudios científicos sugieren que la Centella asiática tiener propiedades antioxidantes y antiinflamatorias, y se ha investigado por sus posibles beneficios para la salud cerebral y la circulación sanguínea.

15. Cardo Mariano: El cardo mariano, también conocido como silimarina, es una planta que pertenece a la familia Asteraceae. Su nombre científico es Silybum marianum. Se ha utilizado tradicionalmente con fines medicinales y es conocido por sus beneficios para la salud del hígado.

La silimarina, que se extrae de las semillas del cardo mariano, se ha estudiado por sus propiedades antioxidantes y antiinflamatorias. Se sabe que tiene efectos protectores sobre las células del hígado y puede ayudar a regenerar el tejido hepático. Por esta razón, se utiliza a veces como complemento en el tratamiento de trastornos hepáticos, como la cirrosis, la hepatitis y la esteatosis hepática.

Capítulo 23:
Los 13 Sistemas del cuerpo Humano. Anatomía Básica

El cuerpo humano está conformado e interrelacionado por los siguientes sistemas:

1. Sistema Circulatorio
2. Sistema Digestivo
3. Sistema Endocrino
4. Sistema Inmune
5. Sistema Linfático
6. Sistema Muscular
7. Sistema Nervioso
8. Sistema Óseo
9. Sistema Respiratorio
10. Sistema Reproductivo
11. Sistema Tegumentario
12. Sistema Urinario
13. Sistema de Meridianos

Capítulo 24:
La Mecánica Digestiva una breve explicación.

Cuando comemos, incluso antes, cuando olemos la comida, automáticamente segregamos más saliva y ácidos estomacales, para recibir la comida masticada y tragada.

Al cabo de 30 minutos aproximadamente, el cerebro envía una señal al esfínter pilórico y al mismo tiempo se activa el movimiento peristáltico para sacar la comida del estómago hacia la primera porción del intestino delgado, esta primera parte del intestino delgado se llama DUODENO. El hígado segrega bilis y el páncreas insulina, estos jugos gástricos llegarán al duodeno a través de la papila duodenal o la ampolla de váter, por el conducto hepático común, para así desdoblar y digerir los alimentos previamente masticados y tragados.

La comida masticada, impregnada de *ácidos gástricos, de bilis, insulina y enzimas,* comienza su recorrido por todo el tubo digestivo (intestino delgado e intestino grueso) donde una vez desdobla la comida, lo que quiere decir, que las moléculas se desarman para poder ser absorbidas y pasar a la sangre a través del yeyuno; donde se entregan al torrente sanguíneo, los nutrientes encerrados dentro de los alimentos, vitaminas, minerales, ácidos grasos, aminoácidos y azúcares.

Una vez hecho el recorrido, ya han pasado 3 factores de la digestión, 1. La Ingestión 2. La Digestión 3. La Absorción y por último ocurre 4. La Eliminación.

Capítulo 25:
Los 4 factores de la digestión

Hay cuatro principales actividades de nuestro sistema digestivo:
1. INGESTIÓN: *Se refiere evidentemente a lo que comemos (Nutrientes)*

- ➢ **MACROS:** Carbohidratos, proteínas y grasas.
- ➢ **MICROS:** Vitaminas y minerales

2. DIGESTIÓN: *Es el proceso mediante el cual se desdobla y separa molecularmente la comida, en partículas absorbibles por los intestinos. Intervienen los ácidos estomacales y jugos digestivos como la insulina y la bilis, enzimas digestivas y la microbiota.*

3. ABSORCIÓN: *Es el proceso mediante el cual, los nutrientes que se encuentran en las comidas pasan a la sangre a través del yeyuno.*

4. ELIMINACION: *Es el proceso mediante el cual, todos los residuos metabólicos son eliminados a través de los 6 sistemas de eliminación. (sistema linfático, pulmones, riñones, hígado, colon y piel)*

Capítulo 26:
Los 6 sistemas de eliminación

El cuerpo humano posee 6 sistemas de eliminación, a través de los cuales se excretan y se filtran todos los desechos metabólicos originados por la digestión misma y toxinas procedentes de la contaminación moderna. Todas las de digestiones realizadas por el aparato digestivo, con el pasar de los años, van sobrecargando los 6 sistemas de eliminación.

Por ejemplo, supongamos que una persona de 40 años, desde que nace, ha hecho aproximadamente 43.800 digestiones, multiplicando el número de años (40) en este caso, por el número de días que tiene un año (365) por (3) comidas diarias aproximadamente… 40 x 365 x 3 = 43.800 digestiones. Todas estas digestiones arrojan desperdicios metabólicos que van a parar a los 6 órganos de eliminación, y se deben ayudar a desintoxicar periódicamente porque de lo contrario, al no poder limpiarse profundamente por si mismos pierden su poder de eliminación causando el envenenamiento de la sangre y por lo tonto todo tipo de enfermedades.

Los 6 sistemas de eliminación son:
1. **Sistema linfático.**
2. **Pulmones.**
3. **Riñones.**
4. **Hígado.**

5. Colon.
6. Piel.

Para cada sistema de eliminación existe una terapia que logra desintoxicarlo, pero primero veamos que se acumula en cada sistema de eliminación, recordemos que a medida que avanzamos en edad, lógicamente el número de digestiones aumenta y por lo tanto los desechos que genera el metabolismo, es decir, la transformación de la comida en energía, se acumulan en los 6 sistemas de eliminación.

1. **Sistema linfático:** *Toxinas, células muertas, bacterias, hongos, virus*
2. **Pulmones:** *Mucosidad*

3. **Riñones:** *Cálculos Renales, ácido úrico, urea, amoníaco.*
4. **Hígado:** *Cálculos o piedras biliares, lodo biliar, bacterias, virus, metales pesados.*
5. **Colon:** *Cordón intestinal, fecalitos, parásitos, putrefacción intestinal.*
6. **Piel:** *Toxinas, Histamina, desechos metabólicos.*

Capítulo 27:
El 98% de las enfermedades actuales son de origen digestivo

Estimado lector, tenemos que superar el mito de que las enfermedades son hereditarias en su mayoría, esto es una mentira¡ es otro argumento incierto de la **FALSA MEDICINA MERCANTIL**, un argumento con la misma fuerza del aleteo de una mariposa, solo para confundir a las masas, y asegurar sus ventas de **DROGAS FARMACEUTICAS**, si debemos admitir que hay enfermedades hereditarias pero son sólo un 2%, lo que si se heredan son los malos hábitos alimenticios en la cultura familiar.

Capítulo 28: El terreno lo es todo. El microbio no es nada. Dr. Luis Pasteur

En el siglo XIX hubo un debate científico: Louis Pasteur, el renombrado y famoso científico francés, que defendía "que la enfermedad se daba por la entrada de un virus o bacteria (bichito)". En cambio, Claude Bernard, otro científico francés, menos galardonado y menos famoso que Pasteur, defendía "que la enfermedad se producía por un estado defectuoso o débil del terreno" (nuestros cuerpos).

Pasteur tenía sus razones, ya que en ese momento no se conocían los microorganismos. La ciencia se volcó a Pasteur y sus ideas, pero poco antes de morir, Pasteur reconoció, en su famosa frase: **"Claude Bernard tenía razón: el agente no es nada. El terreno lo es todo"**.

De manera pues, como vimos en el tema número 27, el terreno son los 6 órganos de eliminación, que ya al borde de toxinas y desechos metabólicos, se conviene en un terreno fértil para desarrollar todo tipo de enfermedades y más aún cuando hay complejos psicológicos que acaban gatillando síntomas en el cuerpo.

Capítulo 29:
Los 8 tipos de alimentación humana. La escalera nutricional

Existen 8 posibles formas, de las cuales el ser humano puede alimentarse y son las siguientes:
1. Canibalismo.
2. Carnivorismo.
3. Vegetarianismo.
4. Veganismo.
5. Crudiveganismo.
6. Frugívorismo.
7. Liquidarianismo.
8. Respiracionismo.

En la medida que se sube en esta escalera, nos acercamos al astro rey, al SOL, todo cuanto existe en este planeta, existe gracias al sol primeramente, luego al agua, luego a la tierra, a los minerales y así sucesivamente, mientras más densa la alimentación, más desperdicios metabólicos acumularemos en nuestros 6 órganos de eliminación.

Metafísicamente hablando, la forma de alimentación de cada ser humano corresponde a su grado de evolución espiritual.

En este capítulo quiero destacar, que estudié a través de un documental **"Vivir de la Luz"** que la más elevada forma de alimentación es el RESPIRACIONISMO Ó INEDIA. Y en mi infatigable búsque-

Maestro Espiritual Markus Witte.

da terminé por conocer a un elevadísimo Maestro, **Markus Whitte.** Un alemán que abandonó, su país, su trabajo, familia y mujer para hacer una increíble transformación hacia el respiracionismo. Se trasladó a sur américa, y ha recorrido desde la Patagonia Argentina, hasta Venezuela, a pie y tomando aventones de vehículos en las carreteras, en realidad de verdad un increíble caso. Tuve la oportunidad de entrevistarlo en vivo en Medellín Colombia y también debatir este tema a través de una vídeollamada que quedó registrada en youtube. El escribió un sorprendente libro publicado actualmente en Amazon.

Capítulo 30: Alimentación Fractálica. Fractales. Benoit Mandelbrot.

El matemático franco-estadounidense Benoit Mandelbrot, se da cuenta y descubre que el universo está conformado por patrones geométricos que se repiten.

Si vemos a un átomo y a un sistema solar, vemos que tienen una similitud en sus movimientos, conformación y composición, ambos tienen un núcleo energético y partículas que giran a una determinada velocidad describiendo un recorrido elíptico alrededor de este núcleo.

Si vemos la forma de una oreja humana y la forma de un feto de 9 meses, podremos apreciar rápidamente que comparten una similitud fractálica, que a su vez también comparten con el número nueve 9.

Estos mismos patrones geométricos repitiéndose, se encuentran dentro de la naturaleza y dentro de los órganos del cuerpo humano.

Es impresionante como los riñones son prácticamente idénticos a dos caraotas rojas, a 2 frijoles rojos, es impresionante como el cerebro es prácticamente el mismo patrón geométrico de una nuez.

Los tomates al cortarlos guardan una similitud con las galerías internas de un corazón, el páncreas tiene forma de raíz, la vagina es idéntica a una almeja, los ojos tienen la misma repartición circular que se ve cuando hacemos un corte redondo a una zanahoria.

Una naranja y un limón al cortarlos tienen una especie de punto con rayos que imitan a un sol o a una estrella, al cortar una fresa podemos ver que se dibuja el mismo patrón del nervio de un diente.

Lo más asombroso es que estas correspondencias entre frutas, verduras y hortalizas tienen una relación y coherencia más profunda, por ejemplo resulta ser que los ácidos grasos esenciales que se encuentran en una nuez, son precisamente los ácidos grasos más impecables y de mejor calidad con los que un cerebro humano pueda trabajar y funcionar.

La Zanahoria también se sabe que por sus antioxidantes, como el betacaroteno, por su Falcarinol, que es un tipo de Terpeno, que ayudan enorme-

mente a restablecer la salud ocular mejorando la vista milagrosamente.

Entonces cuando de alimentación se trate, y tengas la posibilidad de elegir, elige en coherencia a la geometría sagrada, toma en cuenta una alimentación fractálica.

Capítulo 31:
Los 2 tipos nutrientes

La primera clasificación la podemos hacer es según su origen.
1. De Origen Animal.
2. De Origen Vegetal.

Luego dentro de estos dos reinos, se encuentra una segunda clasificación, según sus dos tipos de nutrientes:
1. MACRO NUTRIENTES
2. MICRO NUTRIENTES

Dentro de los MACRO NUTRIENTES existen 3 grupos.
1. Carbohidratos.
2. Proteínas.
3. Grasas.

Dentro de los MICRO NUTRIENTES existen 2 grupos.
1. Vitaminas.
2. Minerales.

Capítulo 32: Los 4 tipos de Carbohidratos

Monosacáridos: Son los carbohidratos más simples y no pueden ser descompuestos en componentes más pequeños. Ejemplos de monosacáridos son la glucosa, la fructosa y la galactosa. Son la forma básica en que los carbohidratos son absorbidos por el cuerpo y utilizados como fuente de energía.

Disacáridos: Son carbohidratos formados por la unión de dos moléculas de monosacáridos. Ejemplos de disacáridos son la sacarosa (azúcar de mesa, compuesta por glucosa + fructosa), la lactosa (azúcar de la leche, compuesta por glucosa + galactosa) y la maltosa (compuesta por dos moléculas de glucosa). Para ser utilizados por el organismo, los disacáridos deben ser descompuestos en monosacáridos mediante enzimas digestivas.

Oligosacáridos: Son carbohidratos formados por la unión de un pequeño número de monosacáridos (entre 3 y 10 unidades). Ejemplos de oligosacáridos incluyen los rafinosa y estaquiosa, presentes en algunos alimentos.

Polisacáridos: Son carbohidratos formados por la unión de muchos monosacáridos (más de 10 unidades). Son cadenas largas y complejas. Ejemplos de polisacáridos incluyen el almidón (presente en alimentos como el arroz, el pan y las papas) y la celulosa (un componente estructural de las paredes celulares de las plantas).

Capítulo 33:
Los 9 aminoácidos esenciales de las proteínas

Fenilalanina.
Histadina.
Isoleucina.
Metianina.
Leucina.
Licina.
Treonina.
Triptófano.
Valina.

Capítulo 34:
Los 3 tipos de Grasas

Grasas Saturadas
Grasas Insaturadas
Grasas Transgénicas

Las grasas saturadas son un tipo de ácido graso que se caracteriza por tener una estructura molecular en la que todos los enlaces de carbono están saturados con átomos de hidrógeno. Esto significa que no hay dobles enlaces en la cadena de carbono. Debido a esta estructura, las grasas saturadas tienden a ser sólidas a temperatura ambiente. Se encuentran comúnmente en productos de origen animal y en algunos aceites vegetales.

Fuentes de grasas saturadas incluyen:

*Carnes grasas como la carne de res y el cerdo.
*Productos lácteos ricos en grasa como la mantequilla, el queso y la crema.
*Aceite de coco y aceite de palma.

Las grasas insaturadas son un tipo de ácido graso que contiene uno o más dobles enlaces en su estructura de carbono. Debido a estos dobles enlaces, las cadenas de carbono no están completamente saturadas con átomos de hidrógeno, lo que hace que las grasas insaturadas sean líquidas a temperatura ambiente en comparación con las grasas saturadas, que son sólidas.

Existen dos tipos principales de grasas insaturadas: grasas mono insaturadas y grasas poliinsaturadas.

Grasas Mono insaturadas: Estas grasas tienen un solo doble enlace en su estructura de carbono. Son conocidas por sus efectos beneficiosos para la salud cardiovascular. Las grasas monoinsaturadas pueden ayudar a reducir el colesterol LDL ("colesterol malo") en la sangre, lo que a su vez disminuye el riesgo de enfermedades cardíacas. Además, pueden ser una fuente de energía saludable.

Fuentes de grasas mono insaturadas incluyen:
  *Aceite de oliva
  *Aceite de cacahuete (maní)
  *Aceite de aguacate
Frutos secos como almendras, nueces y pistachos

Grasas Poliinsaturadas: Estas grasas tienen múltiples dobles enlaces en su estructura de carbono. Son esenciales para la dieta humana porque contienen ácidos grasos esenciales, que nuestro cuerpo no puede producir por sí mismo y deben obtenerse a través de la alimentación. Los dos tipos principales de ácidos grasos esenciales son los ácidos grasos omega-3 y omega-6.

Fuentes de grasas poli-insaturadas incluyen:
Pescados grasos como el salmón, el atún y las sardinas (ricos en ácidos grasos omega-3)
Aceites vegetales como el aceite de linaza, el aceite

de chía, el aceite de cártamo y el aceite de girasol (ricos en ácidos grasos omega-6)

Frutos secos y semillas como las nueces, las semillas de chía y las semillas de lino (ricos en ácidos grasos omega-3 y omega-6)

Las grasas insaturadas tienen efectos positivos en la salud cardiovascular, ya que pueden ayudar a reducir los niveles de colesterol LDL y a mantener un equilibrio saludable entre diferentes tipos de colesterol en la sangre. Incorporar fuentes de grasas insaturadas en tu dieta puede ser beneficioso para tu bienestar general.

Capítulo 35:
Descomposición Intestinal de los Macronutrientes y la importancia de la Fibra

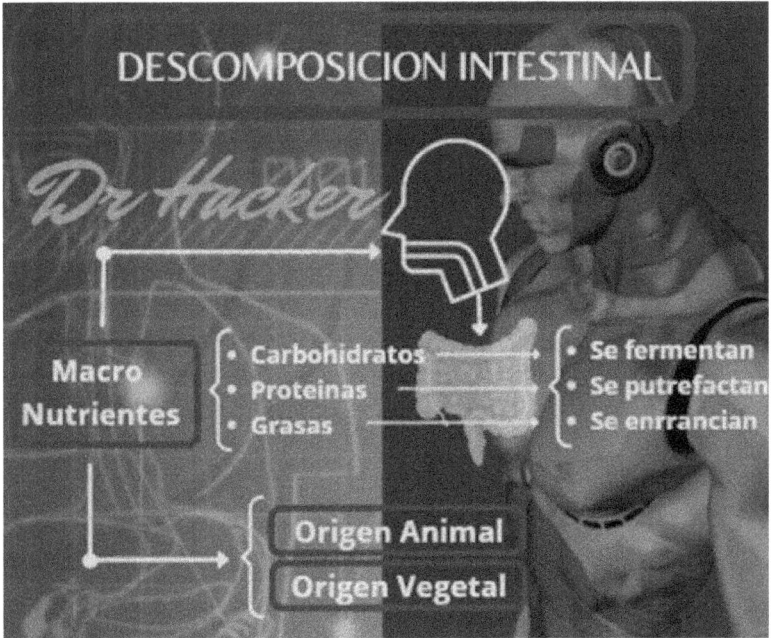

Entonces, en un intestino sin fibra, todos los macronutrientes se pudren inevitablemente, trayendo como consecuencias todo tipo de enfermedades, en la industrialización de los alimentos, también se comete el abominable proceso de refinar los alimentos como el arroz y las cereales.

Capítulo 36: Los 2 tipos de Vitaminas

Las vitaminas son nutrientes esenciales que el cuerpo necesita para funcionar adecuadamente. Se dividen en dos categorías principales según su solubilidad en agua o grasa. A continuación, se enumeran los tipos de vitaminas en cada categoría:

Vitaminas solubles en agua:

Vitamina C (ácido ascórbico): Es un antioxidante que ayuda a proteger las células del daño oxidativo. También es importante para el sistema inmunológico, la formación de colágeno y la absorción de hierro.

Vitaminas del grupo B: Este grupo incluye varias vitaminas B, como:

Vitamina B1 (**tiamina**): Necesaria para el metabolismo de los carbohidratos y el funcionamiento del sistema nervioso.

- Vitamina B2 (**riboflavina**): Importante para el metabolismo energético y la salud ocular.
- Vitamina B3 (**niacina**): Esencial para el metabolismo de los nutrientes y la producción de energía.
- Vitamina B5 (**ácido pantoténico**): Participa en el metabolismo y la síntesis de hormonas y neurotransmisores.
- Vitamina B6 (**piridoxina**): Contribuye al meta-

bolismo de proteínas, carbohidratos y grasas, y es necesaria para la función cerebral y nerviosa.
- ❖ Vitamina B7 (**biotina**): Importante para el metabolismo de grasas, carbohidratos y proteínas.
- ❖ Vitamina B9 (**ácido fólico**): Esencial para la síntesis de ADN y la formación de glóbulos rojos.
- ❖ Vitamina B12 (**cobalamina**): Necesaria para la formación de glóbulos rojos y la función del sistema nervioso.

Vitaminas solubles en grasa:

Vitamina A: Es esencial para la salud de la visión, la piel, el sistema inmunológico y el crecimiento celular.

Vitamina D: Importante para la absorción de calcio y fósforo, y para mantener huesos y dientes fuertes.

Vitamina E: Es un antioxidante que protege las células del daño oxidativo y es importante para la salud de la piel y el sistema inmunológico.

Vitamina K: Necesaria para la coagulación sanguínea y la salud ósea.

Es importante obtener todas las vitaminas necesarias a través de una dieta equilibrada y variada que incluya una amplia variedad de alimentos nutritivos. Cada vitamina tiene funciones específicas en el cuerpo y es esencial para mantener una buena salud y bienestar general.

Capítulo 37:
Los 2 tipos de Minerales

Los minerales son nutrientes esenciales que el cuerpo humano necesita para realizar diversas funciones importantes. Estos minerales se dividen en dos categorías principales en la alimentación humana: macro minerales y oligoelementos (también conocidos como minerales traza). A continuación, se enumeran algunos ejemplos de cada tipo:

1. Macro minerales:
- **Calcio**: Es crucial para la formación y el mantenimiento de huesos y dientes fuertes, así como para la contracción muscular y la función nerviosa.
- **Fósforo**: Trabaja junto con el calcio para fortalecer los huesos y los dientes. También es importante para la producción de energía y la función celular.
- **Magnesio**: Participa en más de 300 reacciones bioquímicas en el cuerpo y es esencial para la función muscular, la salud cardiovascular y el sistema nervioso.
- **Sodio**: Es necesario para el equilibrio de líquidos y electrolitos en el cuerpo, la transmisión de señales nerviosas y la contracción muscular.
- **Potasio**: Juega un papel importante en el

mantenimiento del equilibrio de líquidos y electrolitos, la función muscular y nerviosa y la salud del corazón.

2. Micro minerales: Oligoelementos (Minerales traza):
- **Hierro**: Es esencial para la producción de hemoglobina en los glóbulos rojos y para el transporte de oxígeno en el cuerpo.
- **Zinc**: Es necesario para el sistema inmunológico, la síntesis de proteínas, la cicatrización de heridas y la función cognitiva.
- **Cobre**: Participa en la producción de energía, la formación de tejido conectivo y la función inmunológica.
- **Yodo**: Es esencial para la producción de hormonas tiroideas, que regulan el metabolismo y el crecimiento.
- **Selenio**: Tiene propiedades antioxidantes y es importante para la función tiroidea y el sistema inmunológico.
- **Manganeso**: Participa en diversas reacciones enzimáticas y es importante para la salud ósea y la formación de tejido conjuntivo.

Estos son algunos ejemplos de los minerales más importantes en la alimentación humana. Es esencial asegurarse de obtener una variedad adecuada de estos minerales a través de una dieta equilibrada y variada que incluya una amplia gama de alimentos. Cada mineral desempeña funciones específicas en el cuerpo, y mantener un equilibrio adecuado es crucial para mantener una buena salud y bienestar.

Capítulo 38:
Los Anti nutrientes

Los anti nutrientes son compuestos naturales que se encuentran en diversos alimentos y que pueden interferir con la absorción o utilización de nutrientes en el cuerpo humano. Aunque el término "anti nutriente" puede sonar negativo, es importante entender que muchos de estos compuestos también tienen beneficios potenciales para la salud cuando se consumen en cantidades adecuadas. La contraindicación de los anti nutrientes por lo general, es para pacientes que tienen un intestino roto, conocido como hiper-permeable. Algunos ejemplos comunes de anti nutrientes:
1. Ácido Fítico
2. Caseína
3. Fitatos
4. Glucosinolatos
5. Gluten
6. Lectina
7. Oxalatos
8. Peptina
9. Taninos
10. Saponinas

Capítulo 39:
Los Antioxidantes

Los antioxidantes son compuestos que protegen a las células del daño causado por los radicales libres, que son moléculas inestables que pueden dañar las células y contribuir al envejecimiento y desarrollo de enfermedades. Los radicales libres son producidos en el cuerpo como resultado del metabolismo celular y también pueden provenir de fuentes externas, como la exposición al humo del tabaco, la radiación ultravioleta del sol y la contaminación del aire.

Los antioxidantes actúan neutralizando los radicales libres y previniendo o reduciendo el daño que pueden causar a las células. Al hacerlo, ayudan a mantener la integridad del ADN, las proteínas y las grasas celulares, lo que contribuye a la salud y el bienestar general.

Los antioxidantes se encuentran en una amplia variedad de alimentos, especialmente en frutas y verduras frescas y coloridas. Algunos de los antioxidantes más conocidos son:

- ✓ Glutatión
- ✓ Catalasa
- ✓ Super Óxido Dismutasa
- ✓ Coencima Q 10
- ✓ Resveratrol (**MORADO**)
- ✓ Clorofila (**VERDE**)

- ✓ Ficoccianina (**VERDE**)
- ✓ Zeaxantina (**AMARILLO**)
- ✓ Beta caraoteno (**NARANJA**)
- ✓ Licopeno (**ROJO**)
- ✓ Vitamina "C"
- ✓ Vitamina "E"
- ✓ Flavonoides
- ✓ Bio flavonoides

Capítulo 40:
Ley de Sustitución.
Tabla de Antojos.

En lo que refiere al aspecto de la mente, existe La Ley de Sustitución, esta ley nos indica que La única manera de liberarse de un determinado pensamiento, es sustituirlo por otro. No se puede descartar un pensamiento directamente, solo puede hacerse mediante la sustitución.

Podemos valernos de este recurso y aplicarlo en el plano físico, cuando se nos antoje un comestible venenoso, antes de precipitarnos a consumirlo, sustituyamos ese pensamiento verificando la tabla de sustitución de antojos que se presenta a continuación.

a. ¿Qué es la ansiedad?

La ansiedad es una respuesta emocional natural del cuerpo humano que se produce en situaciones de peligro, incertidumbre o estrés. Es una sensación de preocupación, miedo o aprensión que puede ir acompañada de síntomas físicos como palpitaciones, sudoración, tensión muscular y dificultad para respirar.

La ansiedad puede ser normal y adaptativa en ciertas situaciones, pero cuando se vuelve excesiva y persistente, puede interferir significativamente en la vida diaria y afectar la salud mental y física de la persona. En casos extremos, la ansiedad puede convertirse en un trastorno de ansiedad, que se caracteriza por una preocupación excesiva y persistente, así como por una amplificación de los síntomas físicos asociados.

b. ¿Qué es un antojo?

Un antojo es un deseo intenso y repentino de consumir un alimento o una bebida en particular. A menudo se describe como un impulso incontrolable que puede surgir en cualquier momento del día o de la noche. Los antojos pueden ser causados por una variedad de factores, como el hambre, el estrés, las emociones, los cambios hormonales, la falta de sueño o la abstinencia de ciertos alimentos o sustancias.

Aunque los antojos pueden ser normales y no tienen por qué ser perjudiciales, en algunos casos pueden ser un signo de un trastorno alimentario o una adicción. Por ejemplo, las personas que sufren de bulimia o trastornos por atracón pueden experimentar antojos intensos y recurrentes que pueden llevar a comer en exceso y sentirse mal después. En general, es importante tratar de mantener una dieta equilibrada y saludable y tratar de identificar la causa subyacente de los antojos para poder manejarlos de manera efectiva.

c. ¿Qué es el hambre? Hormona Leptina.

El hambre es una sensación fisiológica que indica la necesidad del cuerpo de obtener alimento para obtener energía y nutrientes para funcionar correctamente. El hambre puede ser influenciada por una variedad de factores, incluyendo el nivel de actividad física, el metabolismo, la calidad del sueño y el consumo previo de alimentos.

La leptina es una hormona producida por las células grasas del cuerpo que juega un papel importante en la regulación del apetito y el metabolismo. La leptina actúa en el cerebro para suprimir el apetito y estimular la quema de calorías en el cuerpo. Cuando los niveles de leptina son bajos, el cerebro recibe señales para aumentar el apetito y disminuir el gasto energético.

La resistencia a la leptina, una condición en la que el cuerpo no responde adecuadamente a la leptina, puede llevar a una mayor ingesta de alimentos y una disminución en el gasto energético, lo que puede contribuir al aumento de peso y la obesidad. Además, la falta de sueño y el estrés pueden disminuir los niveles de leptina, lo que puede aumentar el apetito y disminuir el metabolismo.

En resumen, la leptina es una hormona importante para la regulación del apetito y el metabolismo, y su funcionamiento adecuado es esencial para mantener un equilibrio saludable en la ingesta de alimentos y el gasto energético.

Capítulo 41:
Suplementación Básica y varios elementos.

Los siguientes elementos son fundamentales ya que intervienen en muchas funciones metabólicas y enzimáticas que garantizan el buen funcionamiento del cuerpo humano, por eso debemos consumirlos frecuentemente en alimentos que los contengan o a través de suplementos.
Omega 3
Magnesio
Potasio
Zinc
Selenio
Ácido Fólico
B12 o Complejo B
Vitamina C
Ormus
Espirulina
Probióticos
Agua de mar

Capítulo 42:
4 Factores claves para la curación física

Existen 4 pasos fundamentales para recuperar la salud física, suspender, desintoxicar y nutrir. Lo primero que tiene que hacer alguien que desee recuperar su salud es suspender todos los venenos, luego desintoxicar los 6 sistemas de eliminación, corregir las deficiencias nutricionales y finalmente ubicar una posible causa psicológica que detone la enfermedad o los síntomas.

1. Suspender venenos.
2. Desintoxicar 6 órganos de eliminación.
3. Corregir las deficiencias nutricionales.
4. Biodescodificación Emocional.

1. Suspender Venenos:
- Drogas Farmacéuticas
- Alcohol
- Colorantes
- Grasas transgénicas
- Cigarrillo
- Drogas Recreacionales
- Harinas
- Azúcar
- Glutamato mono sódico
- Aspartame
- Lácteos

2. Desintoxicar 6 órganos de eliminación con la terapia que corresponde:
- Sistema Linfático: Masaje de drenaje Linfático y/o Yoga
- Pulmones: Respirar vapores medicinales. Ej: eucalipto
- Riñones: Diálisis percutánea.
- Hígado: Limpieza hepática profunda. Dra. Hulda Clarck / Dr. Andreas Moritz
- Colon: Hidroterapia de colon / enemas / purgas orales
- Piel: Sauna / temazcal

3. Corregir las deficiencias nutricionales.
Se deben corregir de acuerdo los síntomas todas las deficiencias nutricionales que pueden ser por falta de:
- Aminoácidos Esenciales
- Ácidos grasos esenciales
- Vitaminas y minerales
- Fibra

4. Biodescofificacion: El factor psicológico es fundamental trabajarlo para recuperar la salud, ya que los traumas, complejos, obsesiones, heridas y trastornos psicológicos afectan directamente a las distintas partes del cuerpo. Por ejemplo si ud sufre del colon haga una BIODESCODIFICACION del colon y encuentre las causas emocionales que están afectando a este órgano.

Capítulo 43:
El 5x5 Desintoxicación por el Dr. Ludwig Johnson

El excelentísimo y contemporáneo Dr. Ludwig Johnson, hizo una estupenda adaptación del protocolo de curación del Venerable Dr. y médico Max Gerson; el famoso 5x5. El protocolo del 5x5 consiste en tomar 5 vasos diarios de 250ml c/u, es decir, 1250ml diarios durante 5 días continuos.
Esta fórmula tiene como regla, abandonar, eliminar 3 días antes **LACTEOS, GRANOS CEREALES Y SEMILLAS.**

Dr. Ludwig Johnson

El jugo yo lo recomiendo tomar con manzana verde, limón y cúrcuma con pimienta negra.
Lista para que hagas tú 5x5 en casa con un extractor de jugo.

- ✓ 12.5 kg de zanahoria.
- ✓ 5 manzanas verdes.
- ✓ 10 limones.
- ✓ Cúrcuma y pimienta negra en polvo.

Es tratamiento es ideal para desintoxicar el colon y el hígado, al mismo tiempo hace un gran aporte de antioxidantes que ayudan a recuperar la salud y la energía, el beta caroteno, los terpenos y vitaminas que aportan este potente jugo, también ayudan drásticamente a la salud ocular y el fortalecimiento del sistema inmune.

Capítulo 44:
El Protocolo de curación del Cáncer y Enfermedades Autoinmunes de Dr. Alberto Wulff

El Dr. Alberto Muhammad Wulff Médico internista, especialista en medicina integrativa, antienvejecimiento, fitoterapia sistémica y manejo de adaptógenos. Iniciado en el mundo de la fitoterapia sistémica hace más de 20 años.

"Al poco tiempo de empezar a ejercer mi profesión como médico internista me di cuenta que gran parte de lo que había aprendido en mis años de estudio era diagnosticar enfermedades catalogadas como "incurables" donde el uso exclusivo de la medicina mercantil no brindaba soluciones efectivas. Debido a esto decidí estudiar métodos alternos que ofrecieran soluciones y encontré los adaptógenos. Desde el momento en que inicié a aplicarlos en mi vida y en los tratamientos de mis pacientes logré ver una mejoría en muchos aspectos, tanto en personas enfermas como personas sanas que desean mejorar algún aspecto en específico. En el año 2015 fui diagnosticado con cáncer testicular, me tocó poner mis conocimientos en práctica y gracias al enfoque integrativo superé el cáncer sin necesidad de quimioterapia"

1. Detox colon
2. Sellar Intestino Permeable
3. Detox hepático
4. Ayuno intermitente
5. Nutrición Cetogénica
6. Meditación y Yoga
7. Uso de Adaptógenos
8. Mega Dosis de Vitamina "C"

Dr. Alberto Muhammad Wullf. "Dr. Heal"

Capítulo 45:
Dr. Carlos Monteverde.
Especialista en hipertensión y Diabetes

Es un placer presentar al Dr. Carlos Monteverde, un destacado especialista en **hipertensión, diabetes y obesidad**, cuya perspectiva innovadora en tratamientos naturales ha marcado una diferencia significativa. En un mundo dominado por la medicina mercantil que recurre a drogas farmacéuticas, el Dr. Monteverde destaca por su enfoque revolucionario. El Dr. Monteverde no solo es un médico, sino un defensor apasionado de alternativas naturales para abordar las enfermedades mencionadas. Su postura contestataria frente a la medicina convencional resalta su compromiso con ofrecer opciones que van más allá de simplemente tratar síntomas con drogas farmacéuticas.

Con una vasta experiencia, el Dr. Monteverde ha desarrollado una línea de productos naturales destinados a la curación de la **hipertensión, diabetes y**

obesidad. En un mundo donde la medicina a menudo se ve impulsada por intereses comerciales, el Dr. Monteverde se destaca como un pionero que busca cambiar paradigmas. Su dedicación a ofrecer tratamientos naturales y su rechazo a depender exclusivamente de fármacos reflejan su compromiso con el bienestar de los pacientes, lo pueden contactar en instagram como @dr.carlosmonteverde.

Capítulo 46:
Colonterpeuta Diana Briceño.
@colonsaludvenezuela

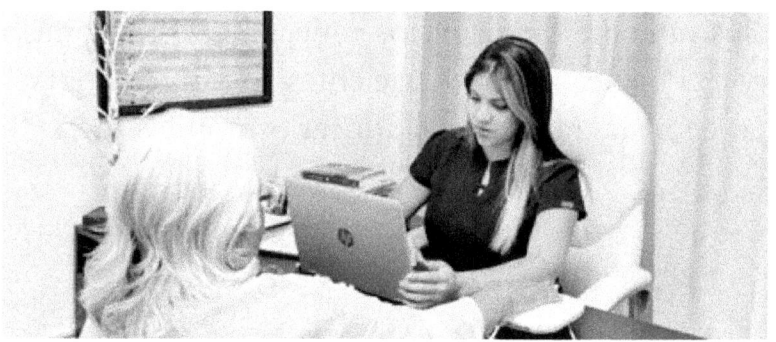

Diana Briceño. Colonterapeuta de Venezuela.
Es para mí un placer y un honor presentarles a Diana Briceño, Bienvenidos sean todos a la página oficial de instagram de la Colonterapeuta, **@colonsaludvenezuela.**

Dedicada al bienestar intestinal y la salud colónica! Con una pasión inquebrantable por la salud digestiva, Diana Briceño se ha destacado como una profesional comprometida en el campo de la colonterapia.

Sobre Diana Briceño: Con una formación sólida y años de experiencia en el ámbito de la colonterapia; con una Certificación en **International School Colon HydroTheraphy**, de los Estados Unidos, Diana Briceño se ha ganado el reconocimiento por su enfoque holístico y personalizado para mejorar la salud intestinal. Su dedicación a la investigación y la actualización constante la posiciona como una experta en el cuidado del sistema digestivo.

Misión: La misión de Diana Briceño es ofrecer soluciones efectivas para promover la salud colónica y el bienestar general, además de curar muchas enfermedades que vemos en la actualidad. A través de su práctica en @colonsaludvenezuela, busca brindar servicios de calidad que aborden las necesidades individuales de sus clientes, fomentando un enfoque integral para mejorar la calidad de vida.

Servicios: Diana Briceño ofrece una variedad de servicios de colonterapia diseñados para atender diferentes aspectos de la salud intestinal. Desde sesiones personalizadas hasta programas de limpieza, su enfoque profesional busca proporcionar resultados efectivos y duraderos.

Síguanla en @colonsaludvenezuela: Para mantenerse al tanto de las últimas noticias, consejos de salud y actualizaciones sobre los servicios de **colonterapia** de Diana Briceño, síguanla en sus redes sociales. Ella y su equipo de trabajo, están comprometidos a brindarte la información que necesitas para tomar decisiones sobre tu bienestar intestinal. ¡Descubre cómo mejorar tu salud digestiva con la experiencia y el compromiso de la Colonterapeuta Diana Briceño! Contáctala hoy mismo para iniciar tu camino hacia una mejor salud intestinal.

Ubicada en Venezuela, San Cristóbal, Av Libertados, Edificio Primo Centro, Piso 2 Local 2-13 y 2-14.

Capítulo 47:
Sistema Inmunológico.
¿Cómo Fortalecerlo?

Hagamos una breve explicación de este complejo sistema y entendamos su importancia. EL sistema inmune es vital para poder sobrevivir sanos en este planeta, y básicamente está constituido por los glóbulos rojos y los glóbulos blancos, con dos ejércitos celulares conocidos como los Natural Killers, células encargadas de neutralizar los 4 patógenos que enferman a todo cuerpo humano: Hongos, Virus, Parásitos y Bacterias.

Los glóbulos rojos se crean en la médula ósea y otra parte en el intestino, mientras que los glóbulos blancos conformados por LINFOCITOS, MONOCITOS y GRANULOCITOS (neutrófilos, eosinófilos y basófilos), se generan en el sistema linfático y en los intestinos.

Imaginemos que tanto los glóbulos Rojos como los Blancos son ejércitos encargados de defendernos, pero estos ejércitos necesitan alimentarse y abastecerse de municiones para poder cumplir su función a cabalidad, eliminar a los 4 patógenos.

Sintetizando los elementos fundamentales para fortalecer nuestro sistema inmune mencionaremos los principales:

- Oxigeno
- Hierro
- Zinc
- Vitamina C y D

Veamos algunas terapias y métodos para levantar y fortalecer al sistema inmune:
- Es fundamental hacer ejercicios frecuentemente para oxigenar todos los tejidos del cuerpo.
- Comer balanceadamente y suplementarse.
- Recomendamos las megadosis de vitamina C.
- Hacer yoga es fundamental para depurar y activar el sistema inmune.
- Tomar Dióxido de Cloro para levantar el sistema inmune de manera natural.
- Hacer uso de terapias milenarias como la orinoterapia y los baños de agua helada.

Capítulo 48:
La Importancia del Sistema Nervioso.

Primeramente tenemos que saber que el sistema nervioso se divide en dos: 1. (SNC) Sistema Nervioso Central (Cerebro y la médula espinal) y (SNP) Sistema nervioso Periférico (Tallos y terminaciones nerviosas que parten de la médula).

Sabiendo esto, es fundamental saber que el (SNC) funciona con ácidos grasos esenciales, principalmente el OMEGA 3 (EPA y DHA) y el MAGNESIO que es un mineral que interviene en más de 300 funciones, de las cuales muchas están vinculadas a este sistema.

De manera pues que el OMEGA 3 y el MAGNESIO son indispensables para el buen funcionamiento de nuestro Sistema Nervioso. Sin estos dos elementos el Sistema Nervioso Central (El Cerebro) no podrá realizar todas sus funciones, lo que acarrea un significante problema ya que el (SNC) regula todas las funciones del cuerpo.

Entonces, es primordial saber que para recobrar la salud, también es fundamental darle al sistema nervioso dichos elementos, de lo contrario no gozaremos de una perfecta salud.

Capítulo 49:
Las 10 formas de incrementar nuestra Energía

1. Baño de agua helada.
2. Ayuno intermitente.
3. Uso de adaptógenos.
4. Silencio.
5. Jugos Verdes.
6. Ejercitarse.
7. Acumular energía Sexual.
8. Dormir perfectamente. La ciencia del Sueño.
9. Respiración correcta.
10. Nutrición correcta.

Capítulo 50:
Genios, Ilustres y Santos que no comían carne

Gandhi
"No comer carne constituye una gran ayuda para la evolución y paz de nuestro espíritu".

Pitágoras
"No mojes nunca tu pan ni en la sangre ni en las lágrimas de tus hermanos. Una dieta vegetariana nos proporciona energía pacífica y amorosa y no sólo a nuestro cuerpo sino sobre todo a nuestro espíritu. Mientras los hombres sigan masacrando y devorando a sus hermanos los animales, reinará en la tierra la guerra y el sufrimiento y se matarán unos a otros, pues aquel que siembra el dolor y la muerte no podrá cosechar ni la alegría ni la paz ni el amor".

Nicolás Tesla
"Es ciertamente preferible criar vegetales, por eso creo que el vegetarianismo es lo recomendable para dejar hábitos barbáricos. El que podamos subsistir con plantas y que podamos trabajar a nuestro favor no es una teoría, es un hecho muy bien sustentado".

Albert Einstein
"Nada beneficiará tanto la salud humana e incrementará las posibilidades de supervivencia de la vida sobre la Tierra, como la evolución hacia una dieta vegetariana".

Michael Omraam Haivanov
"La diferencia entre la nutrición carnívora y la nutrición vegetariana reside en la cantidad de rayos solares que contienen. Las frutas y las verduras están tan impregnadas de luz solar que se puede decir que son una condensación de luz. Cuando se come una fruta o una verdura se absorbe, pues, luz solar de manera directa, la cual deja muy pocos residuos en nosotros. Mientras que la carne es más bien pobre en luz solar, por lo que está sometida a una rápida putrefacción; ahora bien, todo aquello que sufre una rápida putrefacción es nocivo para la salud".

Thomas Edinson
"La no-violencia conduce a la ética más elevada, que es la meta de toda evolución. Hasta que dejemos de dañar a otros seres vivos, seremos todavía salvajes".

Leonardo Da Vinci
"Llegará un tiempo en que los seres humanos se contentarán con una alimentación vegetal y se considerará la matanza de un animal como un crimen, igual que el asesinato de un ser humano"

Capítulo 51: ¿Por qué no somos carnívoros exclusivamente? Señales morfológicas

Mucho se ha dicho en la actualidad sobre este tema, y pesar de que efectivamente nuestro sistema digestivo, ha demostrado en la historia y en la prehistoria ser Omnívoro, no tenemos ninguna señal morfológica en nuestro cuerpo de que seamos exclusivamente carnívoros.

Dejar de comer carne no es la recomendación para todos en la actualidad, en mi caso ya llevo casi 10 años sin comer carne y me siento perfecto, las personas comen según su grado espiritual y de conciencia, yo no puedo participar en esta gran matanza llena de crueldad por 2 dos razones, una física y una moral.

La razón física es que el animal cuando esta aterrorizado porque sabe que va a morir, segrega cortisol y adrenalina, y luego toda esa memoria de miedo impregna su carne y luego el que la come se traga ese veneno y queda conectado a un bajo estado vibracional.

Y la razón moral, es que es un asesinato, comer y vivir de la carne de un ser vivo que siente y padece, habiendo una variedad tan extensa de alimentos que se pueden elegir para no asesinar animales me parece una total incoherencia, una bestialidad por parte de la supuesta humanidad.

En el acto de alimentarse del reino vegetal, no existe el sufrimiento, en las plantas, las hortalizas, los granos, las frutas, los vegetales, las semillas, etc. no existe el sistema nervioso con un cerebro y una columna, por lo tanto estos últimos no sufren, así que es totalmente coherente alimentarnos de una fuente que esté libre de sufrimiento.

"Estudio morfológico de nuestro cuerpo humano en relación con su alimentación ideal".

1. Posee manos en formas de pinza para tomar frutas, hortalizas, verduras, granos.
2. NO posee Garras para desgarrar carne.

3. Su mandíbula se mueve axial y horizontalmente como la de los herbívoros, caballo, gorila, chivo, etc.
4. Las muelas son chatas para masticar y triturar verduras, frutas, frutos secos, granos.
5. No tenemos colmillos con la longitud necesaria para desgarrar carne.
6. Nuestros colmillos son mecánicamente ideales para perforar frutas y hortalizas. NO Carne.

Capítulo 52: Excelentísimos Médicos en la Actualidad

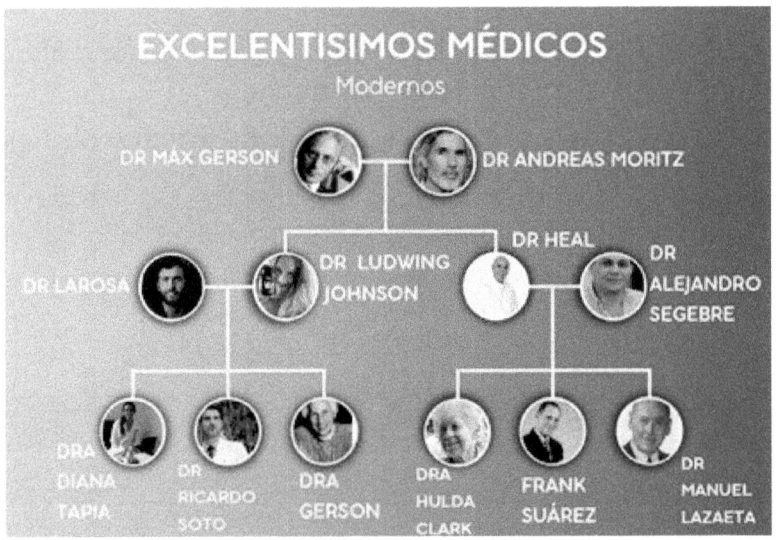

Dr. Alberto Wulff. @doctorhealonline
Dr. Ludwig Johnson. @ludwigjohnson
Dr. Alejandro Segebre.
Dr. Frank Suarez. @franksuarezoficial
Dr. Max Gerson.
Dr. La Rosa. @drlarosa
Dr. Andreas Moritz.
Dr. Isaac Goinz.
Dr. Mercola.
Dr. Bosh.
Dr. Ricardo Soto. @dr.ricardosoto
Dr. Manuel Lazaeta Acharán.
Dr. Ryke Hamer.

Dr. Rene Quinton.
Dr. Kalcker.
Dra. Hulda Clark.
Dra. Charlotte Gerson.
Dra. María de Escurra. @aprendiendo.ayurveda
Dra. Diana Tapia. @nutricionista_diana_tapia
Dr. Carlos Monteverde. @dr.carlosmonteverde
Dr. Gracian Rondon. @gracianrondon
Colonterpeuta Diana Briceño. @colonsaludvenezuela

Capítulo 53:
Excelentísimos Médicos Antiguos

- ➢ Imhotep
- ➢ Paracelso
- ➢ Jesucristo
- ➢ Hermes
- ➢ Hipócrates
- ➢ Esculapio
- ➢ José Gregorio Hernández

Capítulo 54:
Algunas Medicinas Ancestrales. Ayahuasca, Yopo y Kambó.

AYAHUASCA

En mi carrera autodidacta de Medicina Naturista, tuve la valiosa oportunidad de estar cerca de los Indios Cofánes de Colombia y probar la maravillosa **Ayahuasca**, El Abuelo Querubín es su máximo Líder en Sabiduría y Años, es una cultura de jerarquía circular y no piramidal, todos son iguales, todos son uno, cada uno tiene sus cualidades, el abuelo la sabiduría, el niño la energía y la alegría, la madre su protección intuitiva, es una cultura ancestral casi intacta.

Mi Taita El Oso, Giovanni Quetta, fue mi Chaman guía durante muchos años, en sus ceremonias tuve las mejores clases de física cuántica y filosofía que pude tener jamás, increíblemente el Santo Remedio del Yagé nos llevaba a una alcalinidad química que nos permite ver la Luz, pero aplicada a la vida práctica, en las tomas podía ver con claridad mis propios conflictos y dejar de sufrir por ellos, recordaba la mayoría de mis errores con una claridad perfecta para así no cometerlos más durante la vida misma.

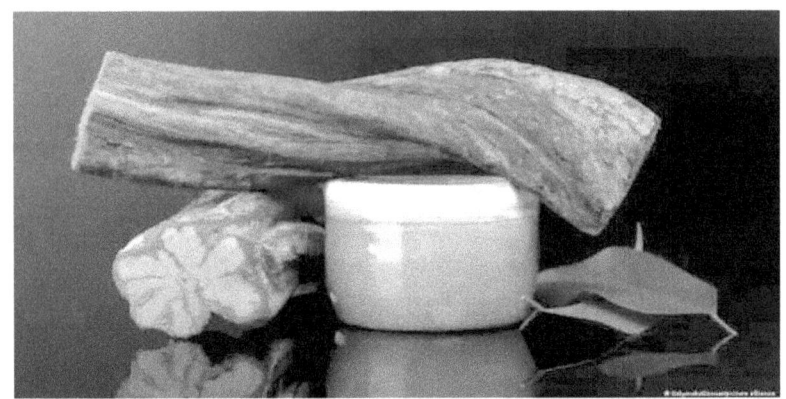

Ayahuasca. Banisteriopsis Capi.

Chamán de la tribu Cofán.
Oscar Giovanni Queta.

En este capítulo quiero destacar, que *los aprendices* del Taita **EL OSO, Oscar Giovanni Queta,** mis más íntimos amigos, nacidos todos en Caracas Venezuela, **Rudy Kun, Juan Carlos Duno y Tomás Hernández,** siguen en la actualidad realizando un excelente trabajo, entregando ceremonias de una elevada mística en Venezuela, a pesar de todas las circunstancias negativas que vive el país, estos hermanos no tienen límites, siguen trabajando duro para poder llevarles a las gentes, ceremonias que les permitan tener una experiencia única y trascendental como lo es tomar Yagé.

Su impecable y arduo trabajo por más de 10 años, hace, que sigan teniendo la confianza de los Abuelos Sagrados del Putumayo para entregar esta ancestral medicina.

Amazonas. El Putumayo. Colombia.

YOPO

Otro de mis maestros espirituales, Axel Rudin, a quien agradezco muchísimo todo lo que me ha enseñado, me guió durante mi experiencia con el Santo Remedio del Yopo, (**Anandenanthera Peregrina**) también una Medicina Ancestral, originaria de Venezuela, a cargo y bajo las custodia de los Indios Piaroas, su Líder es El Abuelo Bolívar que ya no está físicamente con nosotros, pero si está su hijo El Abuelo Rufino, Excelentísimos Médicos Ancestrales.

En mi opinión, considero que para un despertar espiritual profundo, es totalmente recomendable usar estas medicinas por lo menos 1 vez en la vida, con una previa preparación nutricional, mental y de desintoxicación general, para estar apto de recibir el voltaje alquímico que tienen estas plantas de poder de la mejor manera.

Permiten al individuo salir del cuerpo físico, y entender que no se es el cuerpo físico, y que tampoco se es la mente, de esta manera cesa

Chamán, Sanador y Maestro Espiritual Europeo Bjorn Axel Rudin.

la identificación con el cuerpo y la mente por algunos instantes, lo que posteriormente trae mucha reflexión y sanación, es como una especie de práctica para la muerte, o para desencarnar, entre tantas otras cosas positivas que tienen estas plantas ancestrales de poder.

Quiero destacar en este espacio, que dos excelentes amigos y hermanos, los pueden poner en contacto

con esta sagrada medicina, el **YOPO**; ambos Venezolanos nacidos en Caracas: **Anderson Rodrigu** @espiralex_ y **Randall Sánchez** @lacasadelyopo.

KAMBÓ

También tuve la formidable oportunidad de experimentar la medicina ancestral del **Kambó**, que es la secreción cutánea, que se obtiene de la rana **Phyllomedusa Bicolor,** de origen Mexicano, entregada en Venezuela por un brillante músico y aprendiz de Chamanería y medicinas ancestrales, Venezolano, mi gran amigo **Carlos Chacón**, esta experiencia también fue única e inigualable, Carlos abrió en mi brazo derecho, 5 micro agujeros redondos en

mi piel, para luego colocar la segregación de dicha rana. Esta medicina entiendo que hace segregar al sistema endocrino **hormonas**, lo cual actúa como una vacuna natural, puesto que incrementa el sistema inmunológico.

Músico y estudiante de Medicinas Ancestrales Carlos Chacón.

La medicina ancestral **Kambó** es una práctica tradicional de algunas comunidades indígenas amazónicas, y su aplicación implica el uso de la secreción del sapo verde **Phyllomedusa bicolor**. El Kambo se aplica a través de la piel en pequeñas quemaduras superficiales. Aquí hay un resumen del proceso:

Preparación del Kambo: La secreción del sapo se recolecta y se seca para formar una sustancia pegajosa. Antes de la aplicación, se mezcla con agua para crear una solución.

Quemaduras superficiales: Antes de aplicar el Kambo, se hacen pequeñas quemaduras superficiales en la piel. Esto generalmente se realiza en la parte superior del brazo o en la pierna.

Aplicación del Kambo: La solución se aplica sobre las pequeñas quemaduras, permitiendo que los componentes activos del Kambo entren en el torrente sanguíneo a través de la piel.

Reacciones del cuerpo: Después de la aplicación, es común experimentar efectos secundarios como enrojecimiento de la piel, hinchazón, sudoración, náuseas y vómitos. Estas reacciones son parte del proceso de purificación según la tradición.

Efectos terapéuticos: El Kambó tiene propiedades terapéuticas y purificadoras. Se utiliza tradicionalmente para limpiar el cuerpo de toxinas, fortalecer el sistema inmunológico y proporcionar una sensación de claridad mental.

En la actualidad, aprendices de medicinas ancestrales, como Enderson Pilera, "**Alex**" @espiralex_ y Randall, están capacitados y autorizado por los Chamanes Piaroas, "**Abuelo Rufino**" a entregar esta medicina en ceremonias para el hombre occidental que quiera reconectarse con lo místico y ancestral, un viaje hacia el interior de nuestra conciencia.

Capítulo 55: La Música como Medicina

La música ha sido reconocida por sus efectos positivos en la salud mental y emocional de las personas, lo que ha llevado a considerarla como una forma de medicina en algunos casos. Algunos de los beneficios de la música para la salud incluyen:

Reducción del Estrés: Escuchar música relajante puede ayudar a reducir los niveles de estrés y promover la relajación.

Mejora del Estado de Ánimo: La música alegre y enérgica puede elevar el estado de ánimo y generar sentimientos de felicidad y bienestar.

Estimulación Cognitiva: La música ha demostrado tener efectos positivos en la función cognitiva, especialmente en áreas como la memoria y la concentración.

Alivio del Dolor: En algunos casos, la música se utiliza como complemento en el tratamiento del dolor, ya que puede ayudar a distraer y disminuir la percepción del dolor.

Fomento de la Expresión Emocional: La música proporciona una forma de expresar emociones y puede ser terapéutica para aquellos que buscan canalizar sus sentimientos a través de la creatividad musical.

Apoyo en la Terapia: La musicoterapia es una disciplina que utiliza la música como herramienta terapéutica para abordar diversas necesidades emocionales, físicas y sociales de las personas.

José Cabrera. Músico Venezolano

Es importante destacar que si bien la música puede tener impactos positivos en la salud, también puede tener impactos negativos cuando se trata de música estruendosa, vulgar y violenta.

En Venezuela, existen músicos extraordinarios de **"música medicina"**, tres de mis mejores amigos de Caracas, estudiantes de las medicinas ancestrales, son cantautores de este emergente género, tienen excelentes temas como **"LA GOTICA"** de Juan Carlos German **"EL POLACO"**; **"MADRE TIERRA"** de Calos Chacón y **"CALMA"** de José Cabrera.

Mi gran amigo y hermano José Cabrera, poeta y filósofo, lo pueden encontrar en Instagram como @joseacabrerav

Juan Carlos Herman. Músico Venezolano.

Otro queridísimo hermano, Juan C. German, quien fue mi profesor de Estudios Gnósticos, es un excelente artista y gran humano. El sigue componiendo temas en la actualidad de **"música medicina"** y sigue tocando en vivo, alrededor del mundo, en ceremonias de La Sagrada **AYAHUASCA**. Lo pueden buscar en Instagram como @herrmanjuan

Otro hermano y amigo de la vida, un gra músico y agricultor, profesor de Yoga y autor del tema Estado Original. Huascar, juntos en numerosas tomas de Yage siempre filosofamos acerca del origen del cósmos y su Dios Creador.

Huascar Emilio. Músico Venezolano.

Capítulo 56:
Vedanta: El conocimiento que conduce al cese del conocimiento, el ego sin gasolina.

Otros de mis grandes maestros espirituales y de vida, es el Gran César Teruel, un venezolano que estudió en la India y estuvo cerca de Saibaba, pero también tuvo la maravillosa oportunidad de ser discípulo del Gran y Honorable maestro Ramana Maharshi, hinduista, nativo de la India, uno de los máximos exponentes del Advaita Vedanta.

El Vedanta es una de las escuelas filosóficas más influyentes dentro del sistema de filosofía hindú. El término "Vedanta" proviene de la combinación de dos palabras sánscritas: "Veda", que se refiere a los textos sagrados hindúes más antiguos y venerados,

Ramana Maharshi. Maestro Espiritual.
Advaita Vedanta.

y "anta", que significa "final" o "conclusión". Por lo tanto, el Vedanta se traduce comúnmente como "la conclusión de los Vedas".

El Vedanta se basa en los Upanishads, que son una colección de textos filosóficos que exploran temas profundos y esenciales sobre la naturaleza de la realidad, el ser humano y el universo

Entonces, decimos en esta obra, que el ego se queda sin gasolina, porque el vedanta entrega una herramienta fundamental para ser lo que realmente somos, y despojarnos del EGO, esa herramienta es la **autoindagación**. Y la autoindagación por su parte consiste en hacerse una pregunta: quién soy? Descartando que seamos el cuerpo físico, descartando que seamos la mente, descartando que seamos los pensamientos, descartando que seamos las emociones. De esta manera lo que queda después de este filtro es al absoluto, y el absoluto es lo que realmente somos, lo que realmente es, pero antes

César Teruel. Maestro Espiritual.
Advaita Vedanta.

de darnos cuenta que somos el absoluto y que lo demás es una mera ilusión por la sencilla razón de que surge y se desaparece.

Pasamos por lo que la milenaria sabiduría gnóstica enseña, **LA AUTO OBSERVACION**, donde la conciencia observa al yo y al ego en sus infinitas formas y no se identifica, sino que sólo observa, la conciencia, es el eterno testigo y no el protagonista, después de **AUTOINDAGAR** y **AUTOBSERVARSE,** *tarde o temprano* ya no hay más un YO dentro de nosotros que se crea una entidad separada del todo. Ya siendo lo que siempre hemos sido eternamente, **EL ABSOLUTO**, el ego como una entidad separada e ilusoria deja de operar dentro de nosotros, y la ausencia del ego tiene un impacto positivo en la salud de nuestro cuerpo físico.

Capítulo 57: Algunos Libros fuentes de verdadera medicina contra la imposición del Magnate John D. Rockefeller.

Los libros con los que me forme en mi carrera autodidacta son los siguientes:
- ✓ La Sorprendente Limpieza Hepática y de la Vesícula Biliar. Dr. Andreas Moritz.
- ✓ La Terapia Gerson. El Programa Definitivo para Salvar Vidas. Dr. Max Gerson.
- ✓ Evangelio Apócrifo del Amor y La Paz. Los Escenios. Jesucristo.
- ✓ El Cáncer si se Cura. Medicina Sistémica. José Olalde
- ✓ Sana tu cuerpo. Louise Hay.
- ✓ El Yoga de la Nutrición. Michael Omraam Aivanov.
- ✓ Diabetes sin Problema. Frank Suárez.
- ✓ Diabetes. Como evitarla sino la quiere y Revertirla si ya la tiene. Dr. Ludwig Johnson.
- ✓ Medicina Natural al alcance de todos. Dr. Manuel Lazaeta Acharán.

Capítulo 58:
3 Películas Inspiradoras

1. Pash Adams
2. Dr Strange
3. El Médico

Conclusiones

Estimado lector, después de todo lo sintetizado en este libro, lleguemos a una octava más afinada de síntesis, el libro como tal, es la conclusión más brutal y certera que usted podrá leer en estos tiempos, **LA VERDADERA MEDICINA NATURISTA** vs **LA FALSA MEDICINA MERCANTIL** del cartel farmacéutico.

La conclusión definitiva es que la **FALSA MEDICINA MERCANTIL** tiene por objetivo: **NUMERO 1**: dominar a la especie humana "El ganado Humano" y **NUMERO 2** comercializar la salud, repito para que se vea más claro, ver en youtube el documental **SALUD EN VENTA**; comercializar la salud porque es un negocio **MULTIMILLONARIO**, el negocio necesita gente enferma, si se revela la curación de las enfermedades se cae el negocio **MULTIMILLONARIO**.

Mientras que la verdadera **MEDICINA NATURISTA**: el primer protocolo que utiliza para curar realmente es: la **suspensión** de todos los venenos, la **DESINTOXICACION** de los 6 órganos de eliminación: (*sistema linfático, pulmones, riñones, hígado, colon y piel*), y finalmente se procede a cubrir las **deficiencias nutricionales** del paciente.

Además siempre se tendrá en cuenta la psicología del enfermo, que a su vez se somatiza en sus órganos y se refleja por medio de los síntomas (**BIODESCODIFICACION**).

Agradecimientos

La verdad es que tengo mucho que agradecer a muchas personas, mi papá, mi mamá, mi hermano, a muchos amigos, a muchos maestros que me enseñaron demasiadas cosas buenas, a varios médicos reales que me nutrieron y formaron para llegar a esta síntesis, y al real ser, el absoluto, a él mismísimo Dios que está en todo cuanto existe.

Agradezco primero que nada a Dios, a mi Madre terrenal Elsy y a mi Padre terrenal Ángel. Agradezco a todos esos amigos sinceros que siempre estuvieron en las circunstancias difíciles, aclaro que no tiene ningún orden jerárquico la siguiente lista:

Amigos de infancia: Pablo Antonio, Carlos Eduardo Díaz, Alejandro Pueyo "El Abuelo", Rubén Micel quien me ayudó mucho en momentos muy difíciles cuando vivía en Chile, Ruber Andrés, Larry Rada (**APACHE**) "El Faraón Negro", Miguelangel Guevara, René Campos, Keneth Reke, Carlos Reque, Israel López, Israel Andueza, Henrry Arrechedera, Ronald Martínez, Israel David Farfán, Alejandro Blanco: quién me salvo la vida 3 veces, Raúl Omar Yépez mi amigo incondicional, Michael James, José Manuel "Chema" Angélica Márquez, Hermanos todos Danieleros guerreros de vida, ultra Generales , cada uno en sus asuntos¡

Amigos de estudios gnósticos, esotéricos y de medicinas ancestrales: puros bromistas buena alegría bombo AE, @J23 Juan Duno, "mi morocho" Danny Garces, Rudy Kun, Alexander, Tomás, Juan German Polaco, Huascar, Alex Pirela, José Cabrera, Vanesa, Zoe Bolívar, Luisana Gutiérrez, Rebecca Fibonacci: una amiga hermosa que me ha acompaño durante años a estudiar todo lo relacionado con la verdadera medicina, Randall, Rubén, José Manuel Silva **(@josemanueltepuy)**.

Amigos de la Universidad: Alfredo Nicolás, Leyfred Montilla.

Amigos hermanos de la vida: Simón, Joangel, Ickler, Gonzalo, Leugim, Rogelio Di Marzo: mi doble cuántico doblemente Dosha Pitta, Rossana Di Marzo: Julia Robert: Nariz de avión de papel, Rocco Di Marzo, Rodrigo "Chenzo Di Marzo", Enrrique, Jennifer Greenfield una tremenda persona y ser humano, Carla Viloria excelente amiga y socia de negocios.

Primos hermanos: Jander, Miguel, Michael, Nestico, Gerson, Cango, Cliver, Ronald, Zayonara, Fabiolita, Euler, Encho, Morela, Oscar Armando.

Tíos mágicos: Gerardo, Chabela, Edwin, Edinson, Egla, Evita, Elaine, Geniverito, Carmen Rosa, Armando el Inteligente ajedrecista invencible.

Agradezco especialmente, al famoso cantante Venezolano **Florentino Primera**, hijo de **Alí Primera**, por colaborar comprando, leyendo y promocionando la "2da Edición de esta gran obra.

Florentino Primera. Cantante Venezolano.

Maestros Espirituales que conocí en persona: Markus White, Axel Rudin, Taita Giovanni Queta, José Agustín Sánchez, César Teruel, Dagmar **"@ oraculo422"**

Maestros Espirituales conocidos a través de libros: Michael Omram Aivanov, Samael Aun Weor, Lakshmi Daimond, Gurdieff, Krishnamurti, **Médicos Maestros:** Dr. Andreas Moritz, Dr. Max Gerson, Frank Suárez, Dra. Diana Tapia, Dra. Hulda Clark, Dr. La Rosa, Dr. Alejandro Segebre, Dr. Ludwing Jhonson, Dr. Alberto Wulff, Dr. Carlos Monteverde, Dr. Manuel Lazaeta Echaran, Gracias las infinitas Gracias a todos por la Eternidad.

Este libro se terminó de imprimir el día 9 de mayo de 2024, en el Taller Editorial del poeta **Luis Perozo Cervantes**, ubicado en la ciudad de Maracaibo, en el estado federal del Zulia, al norte de Suramérica, en continente descubierto por Cristobal Colón, dentro del Planeta Tierra; en el mismo día pero de 1939, en que naciera Ricardo Aguirre, El Monumental de la Gaita.

www.sultanadellago.com

www.ingramcontent.com/pod-product-compliance
Lightning Source LLC
Chambersburg PA
CBHW050217230526
45470CB00001B/424